"十三五"职业教育规划教材

# 信息技术教程

主　编　王劲松
副主编　吴莉娜　马桂芳

U0316946

中国铁道出版社有限公司
CHINA RAILWAY PUBLISHING HOUSE CO., LTD.

## 内 容 简 介

本书针对目前信息技术在实际工作和生活中的应用而编写，涵盖了计算机基础知识、Windows 操作系统、计算机网络、Office 操作、简单多媒体技术应用等知识，体系完整。

本书以目前使用较为广泛的 Windows 7 和 Office 2010 作为系统环境，提供了所有案例素材、案例作品和案例操作视频。

本书可作为中、高职院校的信息技术或计算机应用基础等课程的通用教材，也可以作为计算机入门的自学教材。

### 图书在版编目(CIP)数据

信息技术教程/王劲松主编 . —北京:中国铁道出版社
有限公司,2020.9（2022.12重印）
"十三五"职业教育规划教材
ISBN 978-7-113-27247-0

Ⅰ.①信… Ⅱ.①王… Ⅲ.①电子计算机-高等职业
教育-教材 Ⅳ.①TP3

中国版本图书馆 CIP 数据核字(2020)第 167562 号

书　　名:**信息技术教程**

作　　者:王劲松

策　　划:王春霞　　　　　　编辑部电话:(010)63551006
责任编辑:王春霞
封面设计:一克米工作室
封面制作:刘　颖
责任校对:张玉华
责任印制:樊启鹏

出版发行:中国铁道出版社有限公司(100054,北京市西城区右安门西街 8 号)
网　　址:http://www.tdpress.com/51eds/
印　　刷:三河市宏盛印务有限公司
版　　次:2020 年 9 月第 1 版　　2022 年 12 月第 6 次印刷
开　　本:850 mm×1 168 mm 1/16　印张:13.5　字数:285 千
书　　号:ISBN 978-7-113-27247-0
定　　价:39.00 元

# 前　言

## 一、技术方向

随着计算机信息技术的不断推广和深入,文字录入和排版已成为全社会几乎所有职业都必须具备的基本技能。作为高职院校的学生,从初中甚至小学就开始了信息技术、计算机操作的学习,这些学生的绝大多数信息技术知识和计算机操作技能是有一定基础的,因此,针对这样一个学习群体,课程设置应有一定的深度和难度,课程的内容不能还是从零开始,应在学生们原有的知识和技能基础上进行,认可他们已具备的信息技术知识,结合当前的实际应用,拓展课程知识体系,一方面,加深 Windows 和 Office 的操作应用,另一方面,增加网络、手机,图片处理和音、视频编辑等多媒体技术,以适应当前社会对信息技术的要求。

## 二、教学规划

在总结了以往大多数信息技术教材优缺点的基础上,克服以往教材中的不足,本书的编写主要作了如下改进:

1. 针对当前实际,调整知识体系

对 Windows 和 Office 知识,采用综合应用和实训的方式组织内容,强调知识和技能的综合应用,提高学生的熟练程度,培养学生解决较复杂问题的能力,增加 Excel 案例,Photoshop 图片处理技术和音、视频处理技术等,使学生通过本门课程的学习,能适应将来的工作,达到"人无我有,人有我精"。

2. 教学中大量采用案例,更接近工作情形

注重实际操作能力的培养,实施"案例驱动"的教学组织形式,使用一个个具体精彩的案例构成整个知识体系,每一个案例都从实际的情形中来,操作步骤具体,学习目标清晰,增强学生的动手能力和参与意识,培养学生的协同合作和团队精神。

3. 提供所有案例的操作视频,实施分层教学

针对学生在信息技术方面的差异(计算机应用水平差距较大,计算机知识基础参差不齐,专业特点要求不同)提供教学操作视频,实施针对教学。一般的学生完成基本任务,较好的学生增加拓展任务,充分挖掘每个学生的潜力。做到共同达标与个人提高相结合,重点培养学生实践应用能力。

4. 案例大小适中,难度适宜,便于组织教学

首先,每个小节均在 1～2 个学时内完成,均衡了难度,便于教学安排和组织;其次,教材中所有案例相对独立,每个案例的操作视频都在 25 分钟内完成,避免因作品过大

造成学习困难;第三,本教材所有案例都经过精心甄选,技术实用、紧跟潮流,操作简捷。本教材内容选材注重厚植爱国情怀,传播优秀文化。全书体系完整,内容循序渐进,让读者始终愉快学习!

### 三、本书内容

教学分为 7 个单元,由王劲松任主编,吴莉娜、马桂芳任副主编,刘旭宁、王祥坤、张通参编。具体编写分工如下:

单元 1　计算机基础知识(建议 4 学时)由王劲松老师编写,主要内容:计算机的发展与应用,个人计算机系统的组成等。

单元 2　Windows 操作系统(建议 6 学时)由刘旭宁老师编写,主要内容:Windows 桌面及设置,文件和文件夹的管理,控制面板及软硬件的管理,Windows 系统安装与维护等。

单元 3　计算机网络(建议 6 学时)由王祥坤老师编写,主要内容:计算机网络基础知识,设置和管理局域网,网页浏览器的基本设置及网络安全,搜索引擎的使用,下载网络资源等。

单元 4　Word 综合应用(建议 12 学时)由马桂芳老师编写,主要内容:Word 界面认识,文本输入,查找与替换操作,Word 文本排版,文字格式、段落格式,Word 图形、图片、艺术字、文本框插入及编辑,表格制作、公式录入、邮件合并,Word 长文档排版、目录制作,页面打印设置等。

单元 5　Excel 综合应用(建议 12 学时)由吴莉娜老师编写,主要内容:Excel 基本工具和界面,数据录入;Excel 公式计算、数据填充、排序、筛选;Excel 函数计算、图表生成、页面设置;Excel 分类汇总与数据透视;Word 与 Excel 综合应用等。

单元 6　PowerPoint 综合应用(建议 6 学时)由张通老师编写,主要内容:PPT 工作界面,插入文字和图片;PPT 设置背景及版式,使用母版;PPT 播放和动画设置,使用超链接;PPT 中插入音、视频和 Flash 对象等。

单元 7　简单多媒体处理技术(建议 10 学时)由王劲松老师编写,主要内容:图片简单处理、羽化、通道、抠图等,理解和播放多媒体,转换音、视频格式,视频剪辑与合成,图文转换等。

书中所有素材,可通过登录 http://www.tdpress.com/51eds.com 下载。

### 四、致谢

特别说明的是:本教材的编写,是对传统信息技术课程知识体系和教学方法的改进,是一次教学和教法的革新。所有案例自行设计,经过反复修改,然后编入教材。我们虽竭尽所能,但由于时间紧、任务重,教材中难免出现问题,不足之处还请广大读者不吝赐教。

最后,要感谢在教材编写过程中统筹规划、多方协调、付出了辛勤劳动的中国铁道出版社有限公司的编辑,同时还要感谢在教材编写中给予我们大力支持和关注的所有老师和同仁们。

编　者

2020 年 5 月

# 目　录

# 单元6  PowerPoint 综合应用 …………………………… 144

# 单元7  简单多媒体处理技术 …………………………… 168

# 单元 1

# 计算机基础知识

计算机从产生发展至今，已成为一门成熟的技术，深入到我们的工作、学习和生活中，计算机基础知识更是广泛应用于社会的各行各业。

## 学习目标

- 了解计算机系统的组成及功能；
- 熟记键盘输入码和快捷键。

## 1.1 计算机系统的组成及功能

### 学习目标

- 了解计算机产生和发展及其应用；
- 理解计算机系统的组成和功能；
- 掌握一些计算机硬件知识。

### 1.1.1 计算机产生和发展

#### 1. 计算机产生

世界上第一台电子计算机 ENIAC(Electronic Numerical Integrator And Computer,电子数字积分计算机)于 1946 年 2 月在美国宾夕法尼亚大学诞生,ENIAC 用了 18 000 多个电子管,专门用于火炮和弹道计算。

从 EDVAC(Electroinc Discrete Vanable Automatic Computer,离变量自动电子计算机)问世直到今天,计算机的基本体系结构采用的都是冯·诺依曼(Von Neumann)所提出的"存储程序"设计思想,因此也称为冯·诺依曼体系结构,冯·诺依曼也被称为"电子计算机之父"。计算机之所以能按人们的意图自动进行工作,最直接的原因是采用了存储程序控制。

2. 计算机发展

根据计算机的性能和使用的主要元件的不同,一般将计算机的发展划分为以下4个阶段:

第一代计算机(1946—1958年),采用的主要元件是电子管,主要用于科学计算。

第二代计算机(1959—1964年),采用的主要元件是晶体管,具有体积小、质量轻、发热少、速度快、寿命长等优点。除用于科学计算外,还用于数据处理和实时控制等领域。

第三代计算机(1965—1970年),开始采用中小规模的集成电路元件,应用范围扩大到企业管理和辅助设计等领域。

第四代计算机(1971年至今),采用大规模和超大规模集成电路作为基本电子元件,应用范围主要在办公自动化、数据库管理、图像动画(视频)处理、语音识别、国民经济各领域和国防系统等领域。

计算机未来的发展趋势是巨型化、微型化、网络化、多媒体化和智能化。

3. 计算机分类

在通用计算机中,人们又按照计算机的运算速度、字长、存储容量、软件配置等多方面的综合性能指标将计算机分为巨型机、大型机、小型机、微型机、工作站和嵌入式计算机等几类。

微型机又称个人计算机,即PC。PC从出现至今,因其小、巧、轻、使用方便、价格便宜等优点,使得计算机真正面向每个人,真正成为大众化的信息处理工具。而PC联网之后,用户又可以通过PC使用网络上的丰富资源。

4. 计算机特点

①高速、精确的运算能力;

②逻辑处理能力;

③强大的存储能力;

④自动控制能力;

⑤网络与通信能力;

5. 计算机应用领域

计算机发展至今,已经几乎和所有学科结合在一起,通常我们可以把计算机的用途归纳为科学计算、数据处理、实时控制、人工智能、计算机辅助娱乐游戏等方面。

计算机辅助也可称为计算机辅助工程,主要有计算机辅助设计(Computer Aided Design,CAD)、计算机辅助制造(Computer Aided Manufacturing,CAM)、计算机辅助教育(Computer Assisted Instruction,CAI)、计算机辅助教学(Computer Aided Teaching,CAT)和计算机仿真模拟(Computer Simulation)等许多方面。

## 1.1.2 计算机系统与软件

1. 软、硬件系统

计算机系统分为计算机硬件系统和计算机软件系统两大部分,如图1-1所示。

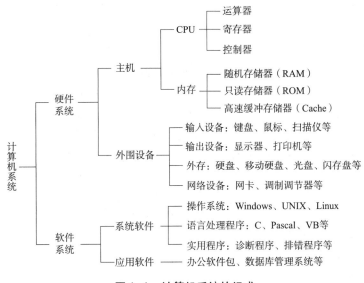

**图 1-1 计算机系统的组成**

计算机硬件(Hardware)系统是指构成计算机的各种物理装置,包括计算机系统中的一切电子、机械、光电等设备,是计算机工作的物质基础。计算机软件(Software)系统是指为运行、维护、管理、应用计算机所编制的所有程序和数据的集合。通常,把不安装任何软件的计算机称为"裸机",只有安装了必要的软件后,用户才能方便地使用计算机。

2. 计算机软件

系统软件是指由计算机生产厂商为支持计算机运行而提供的基本软件。最常用的系统软件有操作系统、计算机语言处理程序、数据库管理程序、网络通信软件、各类服务程序和工具软件等。系统软件不能满足用户使用计算机的最终需要,但是满足用户最终需要的软件必须依赖系统软件提供的支持才能正常工作。

系统支持软件是介于系统软件和应用软件之间,用来支持软件开发、计算机维护和运行的软件,是为应用层的软件和最终用户处理程序和数据提供服务,如语言的编译程序、软件开发工具、数据库管理软件和网络支持程序等。

操作系统(Operating System,OS)是最基本、最核心的系统软件,计算机和其他软件都必须在操作系统的支持下才能运行。操作系统的作用是管理计算机系统中所有的硬件和软件资源,合理地组织计算机的工作流程;同时,操作系统又是用户和计算机之间的接口,为用户提供一个使用计算机的工作环境。目前,常见的操作系统有 Windows、UNIX、Linux、Mac OS 等。所有的操作系统都具有并发性、共享性、虚拟性和不确定性 4 个基本特征。不同操作系统的结构和形式存在很大差别,但一般都有处理机管理(进程管理)、作业管理、文件管理、存储管理和设备管理 5 项功能。

人和计算机交流信息使用的语言称为计算机语言或称程序设计语言。计算机语言通常分为机器语言、汇编语言和高级语言 3 类。机器语言是机器能直接识别的程序语言或指令代码,机器语言是最低级的语言。如果要在计算机上运行高级语言程序就必须配备程序语言翻译程序(下简称翻译程序)。翻译程序本身是一组程序,不同的高级语言都有相应的翻译程序。

翻译的方法有两种:一种称为"解释",这种方式速度较慢,每次运行都要经过"解释",边解释边执行;另一种称为"编译",它调用相应语言的编译程序,把源程序变成目标程序(以.obj 为扩展名),然后再用连接程序,把目标程序与库文件相连接形成可执行文件。尽管编译的过程复杂一些,但它形成的可执行文件(以.exe 为扩展名)可以反复执行,速度较快。运行程序时只要输入可执行程序的文件名,再按【Enter】键即可。

对源程序进行解释和编译任务的程序,分别叫作解释程序和编译程序。如 FORTRAN、COBOL、Pascal 和 C 等高级语言,使用时需有相应的编译程序;BASIC、LISP 等高级语言,使用时需用相应的解释程序。

数据库(Database,DB)是指按照一定联系存储的数据集合,可为多种应用共享。数据库管理系统(Data Base Management System,DBMS)则是能够对数据库进行加工、管理的系统软件,其主要功能是建立、消除、维护数据库及对库中数据进行各种操作。数据库系统主要由数据库、数据库管理系统以及相应的应用程序组成。数据库系统不但能够存放大量的数据,更重要的是能迅速、自动地对数据进行检索、修改、统计、排序、合并等操作,从而得到所需的信息。这一点是传统的文件柜无法做到的。

数据库技术是计算机技术中发展最快、应用最广的一个分支。可以说,在今后的计算机应用开发中大都离不开数据库。因此,了解数据库技术尤其是计算机环境下的数据库应用是非常必要的。

应用软件是为解决某个应用领域中的具体任务而开发的软件,如各种科学计算程序、企业管理程序、生产过程自动控制程序、数据统计与处理程序和情报检索程序等。常用应用软件的形式有定制软件(针对具体应用而定制的软件,如民航售票系统),应用程序包(如通用财务管理软件包),通用软件(如文字处理软件、电子表格处理软件、课件制作软件、绘图软件、网页制作软件和网络通信软件等)3 种类型。

程序语言处理程序、操作系统、数据库管理系统等属于系统软件,财务管理软件属于应用软件。

## 1.1.3　计算机组成及硬件

### 1. 计算机硬件系统

从功能上看,计算机硬件系统由运算器、控制器、存储器、输入设备和输出设备五大部分组成,如图 1-2 所示。图中实线为数据流(各种原始数据、中间结果等),虚线为控制流(各种控制指令)。输入/输出设备用于输入原始数据和输出处理后的结果,存储器用于存储程序和数据,运算器用于执行指定的运算,控制器负责从存储器中取出指令,对指令进行分析、判断,确定指令的类型并对指令进行译码,然后向其他部件发出控制信号,指挥计算机各部件协同工作,控制整个计算机系统逐步完成各种操作。

### 2. 计算机主要部件

(1)运算器

运算器是对数据进行加工处理的部件,通常由算术逻辑部件(Arithmetic Logic Unit,

ALU）和一系列寄存器组成。它的功能是在控制器的控制下对内存或内部寄存器中的数据进行算术运算（加、减、乘、除）和逻辑运算（与、或、非、比较、移位）。

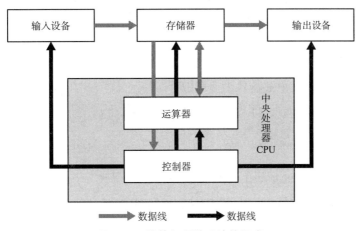

图1-2　计算机硬件系统的组成

（2）控制器

控制器是计算机的神经中枢和指挥中心，在它的控制下整个计算机才能有条不紊地工作。控制器的功能是依次从存储器中取出指令、翻译指令、分析指令，并向其他部件发出控制信号，指挥计算机各部件协同工作。

在制造过程中，运算器、控制器和寄存器通常被集成在一块集成电路芯片上，称为中央处理器（Central Processing Unit，CPU）。

（3）存储器

存储器用来存储程序和数据，是计算机中各种信息的存储和交流中心。存储器通常分为内部存储器（简称内存）和外部存储器（简称外存）。能直接与 CPU 交换信息的存储器是内存，硬盘属于外部存储器。

内存，又称主存储器，主要用于存放计算机运行期间所需要的程序和数据。用户通过输入设备输入的程序和数据首先被送入内存，运算器处理的数据和控制器执行的指令来自内存，运算的中间结果和最终结果也保存在内存中，输出设备输出的信息也来自内存。内存的存取速度较快，容量相对较小。因内存具有存储信息和与其他主要部件交流信息的功能，故内存的大小及其性能的优劣直接影响计算机的运行速度。

（4）输入/输出设备

输入/输出（I/O）设备是计算机系统与外界进行信息交流的工具，其作用分别是将信息输入计算机和从计算机输出。

输入设备将信息输入计算机，并将原始信息转化为计算机能识别的二进制代码存放在存储器中。常用的输入设备有键盘、鼠标、扫描仪、触摸屏、数字化仪、摄像头、麦克风、数码照相机、光笔、磁卡读入机和条形码阅读机等。

输出设备的功能是将计算机的处理结果转换为人们所能接受的形式并输出。常用的输出设备有显示器、打印机、绘图仪、影像输出系统和语音输出系统等。

## 1.2 键盘输入码和快捷键

### 学习目标

- 掌握键盘输入码,熟记键盘各个功能键;
- 熟练使用快捷键能提高我们使用计算机的工作效率;
- 认识各种常见的图片文件格式及其特点。

### 1.2.1 键盘组织方式

键盘上的按键根据功能可划分为几个组:

①字母数字键:这些键包括与传统打字机上相同的字母、数字、标点符号和符号键。

②控制键:这些键可单独使用或者与其他键组合使用来执行某些操作。最常用的控制键是【Ctrl】、【Alt】、【Windows 徽标键】和【Esc】。

③功能键:包括【F1】~【F12】,每个功能键可由软件进行定义,以方便操作。

④导航键:这些键用于在文档或网页中移动以及编辑文本。这些键包括箭头键、【Home】、【End】、【Page Up】、【Page Down】、【Delete】和【Insert】。

⑤数字键盘:也叫小键盘,可以在输入数字时提高输入效率。

除了字母、数字、标点符号和符号以外,输入键还包括【Shift】、【Caps Lock】、【Tab】、【Enter】、【空格】键和【Backspace】。

以下是一些的按键的使用介绍。

【Esc】:返回键,主要作用是退出某个程序或取消某项操作。

【Tab】:跳格键或称制表键,在 Windows 中,通常用于在不同的对象间跳转和移动。

【CapsLock】:大写锁定键,用于输入较多的大写英文字母。当处于大写的状态时,中文输入法无效。

【Shift】:上档键,用以转换大小写或输入双符号键的上层符号键,也可以与其他键配合使用。

【Ctrl】:控制键,配合其他键或鼠标使用。例如在 Windows 状态下配合鼠标选定多个不连续的对象。

【Alt】:更改键或称替换键,大多数情况下与其他键组合使用。

【PrtScn】(或【Print Screen】):打印屏幕键,按【PrtScn】键将捕获整个屏幕的图像(屏幕快照),并将其复制到计算机内存中的剪贴板。通过粘贴组合键【Ctrl + V】使其以图片的形式复制到时其他程序中。按【Alt + PrtScn】组合键将只捕获活动窗口而不是整个屏幕的图像。

### 1.2.2 常用的快捷方式

表 1–1 ~ 表 1–4 所示为分类后的一些快捷方式,按各表的快捷键来操作,会带来很多方便。

表 1-1　 Windows 快捷键

| 快　捷　键 | 功　　能 |
| --- | --- |
| 【 ⊞ 】 | 显示或隐藏"开始"功能表 |
| 【 ⊞ + Break 】 | 显示"系统属性"对话框 |
| 【 ⊞ + D 】 | 显示桌面或恢复桌面 |
| 【 ⊞ + M 】 | 最小化所有窗口 |
| 【 ⊞ + Shift + M 】 | 还原最小化的窗口 |
| 【 ⊞ + E 】 | 打开"计算机" |
| 【 ⊞ + F 】 | 查找文件或文件夹 |
| 【 ⊞ + F1 】 | 显示 Windows"帮助" |
| 【 ⊞ + R 】 | 开启"运行"对话框 |
| 【 ⊞ + L 】 | 锁定计算机 |
| 【 ⊞ + Tab 】 | 打开的应用程序切换,立体效果(Windows7 系统支持) |
| 【 ⊞ + Alt + F4 】 | Windows 关机窗口 |
| 【 Ctrl + Shift + N 】 | 新建文件夹 |

表 1-2　常规键盘快捷键

| 快　捷　键 | 功　　能 |
| --- | --- |
| 【 Ctrl + C 】 | 复制 |
| 【 Ctrl + X 】 | 剪切 |
| 【 Ctrl + V 】 | 粘贴 |
| 【 Ctrl + Z 】 | 撤销 |
| 【 Ctrl + Y 】 | 恢复或重复操作 |
| 【 Del 】(或【 Delete 】) | 删除 |
| 【 Shift + Delete 】 | 永久删除所选项,而不将它放到"回收站"中 |
| 【 Ctrl + W 】 | 关闭程序 |
| 【 Ctrl + A 】 | 全选 |
| 【 Ctrl + Shift 】 | 输入法切换 |
| 【 Ctrl + 空格 】 | 中英文切换 |
| 【 Ctrl + 拖动文件 】 | 复制文件 |
| 【 Alt + F4 】 | 关闭当前程序 |
| 【 Alt + Tab 】 | 在打开的应用程序中实现窗口切换 |

表 1-3　【 Fn 】键

| 快　捷　键 | 功　　能 |
| --- | --- |
| 【 F1 】 | 帮助 |
| 【 F2 】 | 重新命名所选项目 |
| 【 F5 】 | 刷新当前窗口 |

续表

| 快 捷 键 | 功 能 |
|---|---|
| 【F3】 | 在 Windows 中搜索文件 |
| 【F5】 | 刷新 |

表 1-4 Windows 7 操作系统新增

| 快 捷 键 | 功 能 |
|---|---|
| 【Win + Up】 | 最大化 |
| 【Win + Down】 | 还原/最小化 |
| 【Win + Left】 | 通过 AeroSnap 靠左显示 |
| 【Win + Right】 | 通过 AeroSnap 靠右显示 |
| 【Win + Home】 | 最小化/还原所有其他窗口 |
| 【Win + T】 | 切换任务栏中选项 |

# 小结

本单元属知识性单元,在本单元中,我们了解计算机的发展及应用;了解计算机系统的组成及功能;理解软件与硬件的工作原理;理解信息的存储容量。

# 习题

(注:此部分习题针对全国计算机技能鉴定知识点的而设,采用的是主要题型单选题。)

**单选题**

1. 下列关于世界上第一台电子计算机 ENIAC 的叙述中,错误的是(      )。

    A. 它是 1946 年在美国诞生的

    B. 它主要采用电子管和继电器

    C. 它是首次采用存储程序控制使计算机自动工作

    D. 它主要用于弹道计算

2. 第三代计算机采用的电子元件是(      )。

    A. 晶体管                              B. 中、小规模集成电路

    C. 大规模集成电路                      D. 电子管

3. 冯·诺伊曼在总结研制 ENIAC 计算机时,提出两个重要的改进是(      )。

    A. 引入 CPU 和内存储器的概念          B. 采用机器语言和十六进制

    C. 采用二进制和存储程序控制的概念      D. 采用 ASCII 编码系统

4. 计算机之所以能按人们的意图自动进行工作,最直接的原因是因为采用了(      )。

    A. 二进制        B. 高速电子元件        C. 程序设计语言        D. 存储程序控制

5. 计算机的存储器中,组成一个字节(Byte)的二进制位(bit)个数是(　　　)。

　　A. 4　　　　　　　　B. 8　　　　　　　　C. 16　　　　　　　　D. 32

6. 标准 ASCII 码用 7 位二进制位表示一个字符的编码,其不同的编码共有(　　　)个。

　　A. 127　　　　　　　B. 128　　　　　　　C. 256　　　　　　　D. 254

7. 在计算机中,信息的最小单位是(　　　)。

　　A. bit　　　　　　　B. Byte　　　　　　　C. Word　　　　　　　D. DoubleWord

8. 在下列字符中,其 ASCII 码值最小的一个是(　　　)。

　　A. 空格字符　　　　　B. 0　　　　　　　　C. A　　　　　　　　D. a

9. 字长为 7 位的无符号二进制整数能表示的十进制整数的数值范围是(　　　)。

　　A. 0 ～ 128　　　　　B. 0 ～ 255　　　　　C. 0 ～ 127　　　　　D. 1 ～ 127

10. 字符比较大小实际是比较它们的 ASCII 码值,正确的比较是(　　　)。

　　A. 'A' 比 'B' 大　　　　　　　　　　　B. 'H' 比 'h' 小

　　C. 'F' 比 'D' 小　　　　　　　　　　　D. '9' 比 'D' 大

11. 用 8 位二进制数能表示的最大的无符号整数等于十进制整数(　　　)。

　　A. 255　　　　　　　B. 256　　　　　　　C. 128　　　　　　　D. 127

12. 二进制数 101110 转换成等值的十六进制数是(　　　)。

　　A. 2C　　　　　　　B. 2D　　　　　　　C. 2E　　　　　　　D. 2F

13. 二进制数 1001001 转换成十进制数是(　　　)。

　　A. 72　　　　　　　B. 71　　　　　　　C. 75　　　　　　　D. 73

14. 十进制数 75 等于二进制数(　　　)。

　　A. 1001011　　　　　B. 1010101　　　　　C. 1001101　　　　　D. 1000111

15. 已知一汉字的国标码是 5E38,其内码应是(　　　)。

　　A. DEB8　　　　　　B. DE38　　　　　　C. 5EB8　　　　　　D. 7E58

16. 根据汉字国标 GB 2312—1980 的规定,1 KB 存储容量可以存储汉字的内码个数是(　　　)。

　　A. 1024　　　　　　B. 512　　　　　　　C. 256　　　　　　　D. 约 341

17. 存储一个 24 × 24 点的汉字字形码需要(　　　)字节。

　　A. 32　　　　　　　B. 48　　　　　　　C. 64　　　　　　　D. 72

18. 已知汉字"家"的区位码是 2850,则其国标码是(　　　)。

　　A. 4870D　　　　　　B. 3C52H　　　　　　C. 9CB2H　　　　　　D. A8D0H

19. 汉字国标码(GB 2312—1980 把汉字分成 2 个等级。其中一级常用汉字的排列顺序是按(　　　)。

　　A. 汉语拼音字母顺序　　　　　　B. 偏旁部首

　　C. 笔画多少　　　　　　　　　　D. 以上都不对

20. 汉字区位码分别用十进制的区号和位号表示。其区号和位号的范围分别是(　　　)。

A. 0～94,0～94    B. 1～95,1～95    C. 1～94,1～94    D. 0～95,0～95

21. 一个汉字的机内码与它的国标码之间的差是(    )。

    A. 2020H        B. 4040H        C. 8080H        D. A0A0H

22. 根据汉字国标码 GB 2312—1980 的规定,一级常用汉字数是(    )个。

    A. 3 477        B. 3 575        C. 3 755        D. 7 445

23. 已知"装"字的拼音输入码是"zhuang,"而"大"字的拼音输入码是"da",则存储它们内码分别需要的字节个数是(    )。

    A. 6,2        B. 3,1        C. 2,2        D. 3,2

24. 在微型计算机内部,对汉字进行传输、处理和存储时使用汉字的(    )。

    A. 国标码        B. 字形码        C. 输入码        D. 机内码

25. 根据国标 GB 2312—1980 的规定,总计有各类符号和一、二级汉字编码(    )个。

    A. 7 145        B. 7 445        C. 3 008        D. 3 755

26. 一个汉字的机内码与国标码之间的差别是(    )。

    A. 前者各字节的最高位二进制值各为 1,而后者为 0

    B. 前者各字节的最高位二进制值各为 0,而后者为 1

    C. 前者各字节的最高位二进制值各为 1、0,而后者为 0、1

    D. 前者各字节的最高位二进制值各为 0、1,而后者为 1、0

27. 运算器的功能是(    )。

    A. 进行逻辑运算                B. 进行算术运算或逻辑运算

    C. 进行算术运算                D. 做初等函数的计算

28. 运算器的主要功能是进行(    )。

    A. 算术运算                   B. 逻辑运算

    C. 加法运算                   D. 算术和逻辑运算

29. 下列各存储器中,存取速度最快的是(    )。

    A. CD-ROM        B. 内存储器        C. U 盘        D. 硬盘

30. 计算机能直接识别的语言是(    )。

    A. 高级程序语言    B. 机器语言        C. 汇编语言        D. C++语言

31. 下列情况中,(    )。一定不是因病毒感染所致。

    A. 显示器不亮                B. 计算机提示内存不够

    C. 以 .exe 为扩展名的文件变大        D. 机器运行速度变慢

32. 下列关于计算机病毒的叙述中,错误的是(    )。

    A. 计算机病毒具有潜伏性

    B. 计算机病毒具有传染性

    C. 感染过计算机病毒的计算机具有对该病毒的免疫性

    D. 计算机病毒是一个特殊的寄生程序

33. 计算机病毒除通过读写或复制移动存储器上带病毒的文件传染外,另一条主要的传染途径是(　　　)。

　　A. 网络　　　　　　　　　　　　　B. 电源电缆

　　C. 键盘　　　　　　　　　　　　　D. 输入有逻辑错误的程序

34. 计算机技术中,下列不是度量存储器容量的单位是(　　　)。

　　A. KB　　　　　　B. MB　　　　　　C. GHz　　　　　　D. GB

35. 度量计算机运算速度常用的单位是(　　　)。

　　A. MIPS　　　　　B. MHz　　　　　C. MB　　　　　　D. Mbit/s

36. 屏幕分辨率 1 280×1 024,指的是(　　　)。

　　A. 像素　　　　　B. 点　　　　　　C. 位　　　　　　D. 字节

37. 显示器的主要技术指标之一是(　　　)。

　　A. 彩色　　　　　B. 亮度　　　　　C. 分辨率　　　　D. 对比度

38. 下列选项中,不属于显示器主要技术指标的是(　　　)。

　　A. 分辨率　　　　B. 质量　　　　　C. 像素的点距　　D. 显示器的尺寸

39. 一个完整计算机系统的组成部分应该是(　　　)。

　　A. 主机、键盘和显示器　　　　　　B. 系统软件和应用软件

　　C. 主机和它的外部设备　　　　　　D. 硬件系统和软件系统

40. 在微机的配置中常看到"P42.4G 字"样,其中数字"2.4G"表示(　　　)。

　　A. 处理器的时钟频率是 2.4 GHz

　　B. 处理器的运算速度是 2.4 GIPS

　　C. 处理器是 Pentium 4 第 2.4 代

　　D. 处理器与内存间的数据交换速率是 2.4Gbit/s

41. 通常所说的微型机主机是指(　　　)。

　　A. CPU、内存与 CD-ROM　　　　　B. CPU 和硬盘

　　C. CPU、内存和硬盘　　　　　　　D. CPU 和内存

42. 组成计算机指令的两部分是(　　　)。

　　A. 数据和字符　　　　　　　　　　B. 操作码和地址码

　　C. 运算符和运算数　　　　　　　　D. 运算符和运算结果

43. 存储计算机当前正在执行的应用程序和相应的数据的存储器是(　　　)。

　　A. 硬盘　　　　　B. ROM　　　　　C. RAM　　　　　　D. CD-ROM

44. 下列设备组中,完全属于外部设备的一组是(　　　)。

　　A. CD-ROM 驱动器,CPU,键盘,显示器

　　B. 激光打印机,键盘,CD-ROM 驱动器,鼠标

　　C. 内存储器,CD-ROM 驱动器,扫描仪,显示器

　　D. 打印机,CPU,内存储器,硬盘

45. 在计算机的硬件设备中,有一种设备在程序设计中既可以当作输出设备,又可以当作输入设备,这种设备是(　　　)。

A. 绘图仪　　　　　　B. 扫描仪　　　　　　C. 手写笔　　　　　　D. 磁盘驱动器

46. 计算机的硬件主要包括 CPU、存储器、输出设备和(　　　)。

A. 键盘　　　　　　B. 鼠标　　　　　　C. 输入设备　　　　　　D. 显示器

47. CPU 主要技术性能指标有(　　　)。

A. 耗电量和效率　　　　　　　　　　B. 可靠性和精度

C. 字长、运算速度和时钟主频　　　　D. 冷却效率

48. 字长是 CPU 的主要性能指标之一,它表示(　　　)。

A. 计算结果的有效数字长度　　　　　B. 最长的十进制整数的位数

C. 最大的有效数字位数　　　　　　　D. CPU 一次能处理二进制数据的位数

49. 下列叙述中,错误的是(　　　)。

A. 硬盘在主机箱内,它是主机的组成部分

B. 硬盘是外部存储器之一

C. 硬盘的技术指标之一是每分钟的转速 rpm

D. 硬盘与 CPU 之间不能直接交换数据

50. 把存储在硬盘上的程序传送到指定的内存区域中,这种操作称为(　　　)。

A. 输出　　　　　　B. 写盘　　　　　　C. 输入　　　　　　D. 读盘

51. 英文缩写 ROM 的中文名译名是(　　　)。

A. 高速缓冲存储器　B. 只读存储器　　C. 随机存取存储器　D. 优盘

52. Cache 的中文译名是(　　　)。

A. 缓冲器　　　　　　　　　　　　　B. 只读存储器

C. 高速缓冲存储器　　　　　　　　　D. 可编程只读存储器

53. 下列存储器按存取速度由快至慢排列,正确的是(　　　)。

A. 主存 > 硬盘 > Cache　　　　　　　B. Cache > 主存 > 硬盘

C. Cache > 硬盘 > 主存　　　　　　　D. 主存 > Cache > 硬盘

54. 在 CD 光盘上标记有"CD-RW"字样,此标记表明这光盘(　　　)。

A. 只能写入一次,可以反复读出的一次性写入光盘

B. 可多次擦除型光盘

C. 只能读出,不能写入的只读光盘

D. RW 是 Read and Write 的缩写

55. 当电源关闭后,下列关于存储器的说法中,正确的是(　　　)。

A. 存储在 RAM 中的数据不会丢失　　B. 存储在 ROM 中的数据不会丢失

C. 存储在软盘中的数据会全部丢失　　D. 存储在硬盘中的数据会丢失

56. 完整的计算机软件指的是(　　　)。

A. 程序、数据与相应的文档　　　　　B. 系统软件与应用软件

C. 操作系统与应用软件　　　　　　　D. 操作系统和办公软件

57. 当前微机上运行的 Windows 属于(　　　)。

A. 批处理操作系统　　　　　　　　B. 单任务操作系统

C. 多任务操作系统　　　　　　　　D. 分时操作系统

58. 计算机操作系统通常具有的五大功能是(　　　)。

A. CPU 管理、显示器管理、键盘管理、打印机管理和鼠标器管理

B. 硬盘管理、软盘驱动器管理、CPU 的管理、显示器管理和键盘管理

C. CPU 管理、存储管理、文件管理、设备管理和作业管理

D. 启动、打印、显示、文件存取和关机

59. 下列各组软件中,全部属于应用软件的是(　　　)。

A. 程序语言处理程序、操作系统、数据库管理系统

B. 文字处理程序、编辑程序、UNIX 操作系统

C. 财务处理软件、金融软件、WPS

D. Word 2010、Photoshop、Windows 10

60. 办公室自动化(OA)是计算机的一大应用领域,按计算机应用的分类,它属于(　　　)。

A. 科学计算　　　　B. 辅助设计　　　　C. 实时控制　　　　D. 数据处理

61. 英文缩写 CAM 的中文意思是(　　　)。

A. 计算机辅助设计　　　　　　　　B. 计算机辅助制造

C. 计算机辅助教学　　　　　　　　D. 计算机辅助管理

62. Internet 中不同网络和不同计算机相互通信的基础是(　　　)。

A. ATM　　　　B. TCP/IP　　　　C. Novell　　　　D. X. 25

63. Internet 实现了分布在世界各地的各类网络的互联,其最基础和核心的协议是(　　　)。

A. HTTP　　　　B. TCP/IP　　　　C. HTML　　　　D. FTP

64. 下列各项中,正确的电子邮箱地址是(　　　)。

A. L202@ sina. com　　　　　　　B. TT202#yahoo. com

C. A112. 256. 23. 8　　　　　　　D. K201&yahoo. com. cn

65. 计算机网络最突出的优点是(　　　)。

A. 精度高　　　　B. 共享资源　　　　C. 运算速度快　　　　D. 容量大

66. 在计算机网络中,英文缩写 LAN 的中文名是(　　　)。

A. 局域网　　　　B. 城域网　　　　C. 广域网　　　　D. 无线网

67. 根据域名代码规定,表示政府部门网站的域名代码是(　　　)。

A. net　　　　B. . com　　　　C. . gov　　　　D. org

68. 在下列网络的传输介质中,抗干扰能力最好的一个是(　　　)。

A. 光缆　　　　B. 同轴电缆　　　　C. 双绞线　　　　D. 电话线

69. FTP 是指(　　　)。

A. 远程登录　　　　B. 网络服务器　　　　C. 域名　　　　D. 文件传输协议

70. 下列 IP 地址中,可能正确的是( )。

    A. 192. 168. 5　　　　　　　　　　　　　B. 202. 116. 256. 10

    C. 10. 215. 215. 1. 3　　　　　　　　　　D. 172. 16. 55. 69

71. 网络的传输速率是 10 Mbit/s,其含义是( )。

    A. 每秒传输 10 M 字节　　　　　　　　　B. 每秒传输 10 M 二进制位

    C. 每秒可以传输 10 M 个字符　　　　　　D. 每秒传输 10 000 000 二进制位

72. 调制解调器(Modem)包括调制和解调功能,其中调制功能是指( )。

    A. 将模拟信号转换成数字信号　　　　　B. 将数字信号转换成模拟信号

    C. 将光信号转换为电信号　　　　　　　D. 将电信号转换为光信号

73. IP 地址 192.168.54.23 属于( )。IP 地址。

    A. A 类　　　　　　　　　　　　　　　B. B 类

    C. C 类　　　　　　　　　　　　　　　D. 以上答案都不对

74. 如果一个 WWW 站点的域名地址是 www. bju. edu. cn,则它是( )。站点。

    A. 教育部门　　　B. 政府部门　　　C. 商业组织　　　D. 以上都不是

75. 下列不是计算机网络系统的拓扑结构的是( )。

    A. 星状结构　　　　B. 单线结构　　　　C. 总线结构　　　　D. 环状结构

76. 在计算机网络中,通常把提供并管理共享资源的计算机称为( )。

    A. 服务器　　　　B. 工作站　　　　C. 网关　　　　D. 路由器

77. WWW 的网页文件是在( )。传输协议支持下运行的。

    A. FTP 协议　　　B. HTTP 协议　　　C. SMTP 协议　　　D. IP 协议

78. 在 Windows 7 中,要将当前窗口的全部内容拷入剪贴板,应该使用( )组合键。

    A. PrintScreen　　B. Alt + PrintScreen　C. Ctrl + PrintScreen　D. Ctrl + P

79. 在资源管理器右窗格中,如果需要选定多个非连续排列的文件,应按组合键( )。

    A. Ctrl + 单击要选定的对象　　　　　　B. Shift + 单击要选定的对象

    C. Alt + 单击要选定的对象　　　　　　D. Tab + 单击要选定的对象

80. 在资源管理器中,选择几个连续的文件的方法可以是:先单击第一个,再按住( )键单击最后一个。

    A. Ctrl　　　　　　B. Shift　　　　　C. Alt　　　　　　D. Ctrl + Alt

# 单元 2

# Windows操作系统

Windows 7 是微软公司（Microsoft）开发的操作系统，可供家庭、商业、工作等环境的计算机使用，该系统于 2009 年 10 月 22 日发售，架构有 32 位和 64 位。

## 学习目标

- 掌握 Windows 桌面及设置；
- 掌握文件和文件夹的管理；
- 了解控制面板及软硬件的管理；
- 理解 Windows 7 系统安装与维护。

## 2.1 Windows 7 桌面及设置

## 学习目标

- 能实现桌面（屏保、分辨率）、窗口和对话框的个性化设置；
- 能实现通知区域图标的显示和隐藏；
- 能更改屏幕保护程序、屏幕分辨率和界面文本大小；
- 学会屏幕软键盘的开启和关闭；
- 能添加和删除输入法；
- 能启用和禁用以缩图形式显示的图标；
- 学会视觉效果的高级设置。

Windows 在个性化外观和文件管理都提供支持。Windows 7 默认的设置不一定适合每个用户。因此,用户通过自定义操作系统的外观、声音等,展现一个极具个性化的 Windows 7 界面。

从 Windows Vista 系统开始,Windows 系统中,只要计算机的显存在 125MB 以上,并支持 DirectX 9 或以上版本,就可以打开该功能。

1. **实现桌面(屏保、分辨率)、窗口和对话框的个性化设置**

①打开和调整个性化功能。

在桌面空白处右击,在弹出的快捷菜单中选择"个性化"命令,如图 2-1 所示。

②打开个性化窗口。

在列表中选择一种主题,系统便自动换到该主题,如图 2-2 所示"个性化"窗口,单击"桌面背景"图标,在打开的窗口中可以修改所选择的主题,如图 2-3 所示。

图 2-1 "个性化"设置

图 2-2 "个性化"窗口

图 2-3 "个性化"选择

③使用"桌面背景"图标。

在打开如图 2-4 所示的背景图片选择中,既可以选择 Windows 自带图片,又可以浏览自己保存的图片,单击"保存修改"按钮即可。

图 2-4 背景图片选择

④一次选择多张图片,Windows 桌面将定时切换壁纸,窗口下方可以设置切换的时间,

如图 2-5 所示。

图 2-5　背景图片多选

⑤在"任务栏"空白处右击,在弹出的快捷菜单中选择"属性"命令,如图 2-6 所示,打开"任务栏和「开始」菜单属性"对话框。

⑥进入"任务栏"选项卡,选中"使用 Aero Peek 预览桌面(P)"复选框,开启此功能(反之是关闭),如图 2-7 所示,Aero Peek 预览所示,启动后,鼠标放在屏幕右下角,会有预览桌面的半透明效果。

图 2-6　属性设置

图 2-7　设置 Aero Peek 预览

⑦另外,在调整 Windows Aero 的窗口颜色时,在弹出的对话框中调整标题按钮、菜单、工具提示、标题栏、消息框等的外观,以及 Windows 组件上的字体大小等参数,如图 2-8(a)窗口颜色、图 2-8(b)高级外观设置及图 2-9 所示桌面颜色设置。

（a）窗口颜色

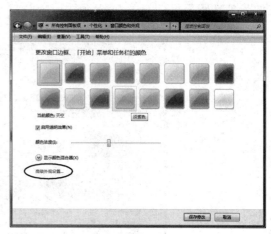
（b）高级外观设置

图 2-8　调整 Windows Aero 窗口颜色

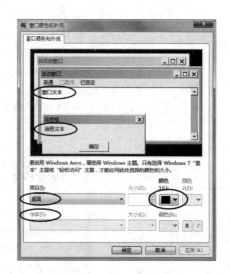

图 2-9　桌面颜色设置

2. 通知区域图标和任务栏的隐藏或显示

默认情况下，在 Windows 7 通知区域中只显示音量、网络、日期等图标，360、网际快车等应用程序的图标一般处于隐藏状态。实际上可以通过以下设置让某些图标一直显示或隐藏。

①如图 2-10 控制面板设置，依次单击"开始"→"控制面板"，进入控制面板选项。

②如图 2-11 控制面板选项所示，进入"所有控制面板项"。

③如图 2-12 通知区域图标所示，找到"通知区域图标"，单击进入。

④如图 2-13 仅显示通知所示，把 360 的两个程序设置成"仅显示通知"，这样有通知也可以第一时间发现了。

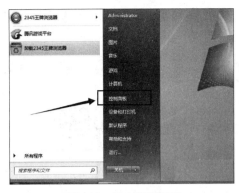

图 2-10　控制面板设置

图 2-11　控制面板项

图 2-12　通知区域图标

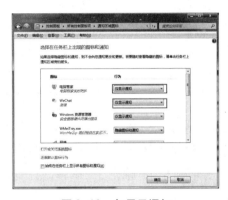

图 2-13　仅显示通知

⑤如图 2-14 始终在任务栏上显示所示,也可以勾选"始终在任务栏上显示所有图标和通知"复选框,使得所有的程序都会一直显示在右下角。

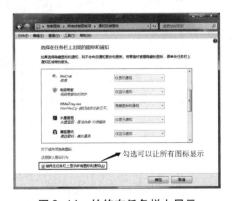

图 2-14　始终在任务栏上显示

3. 更改屏幕保护程序、屏幕分辨率和界面文本大小

①更改屏幕保护程序。

在桌面空白处右击,在弹出的快捷菜单中选择"个性化"命令,单击"屏幕保护程序"图

标,选择需要的屏幕保护程序,单击"确定"按钮,如图2-15屏幕保护程序(a)、(b)、(c)所示。

（a）　　　　　　　　　　　（b）　　　　　　　　　　　（c）

**图2-15　屏幕保护程序**

②调整屏幕分辨率。

在屏幕空白处右击,在弹出的快捷菜单中选择"屏幕分辨率"命令,在屏幕分辨率界面中调整分辨率,单击"确定"按钮后,会出现"显示设置"的对话框,单击"保留更改"按钮。如图2-16所示。

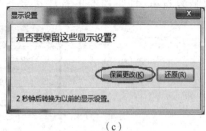

（a）　　　　　　　　　　　（b）　　　　　　　　　　　（c）

**图2-16　调整屏幕分辨率**

③设置界面文本大小。

在"屏幕分辨率"界面中,单击"放大或缩小文本和其他项目"按钮,选择"设定自定义文本大小"选项,在下拉列表中可以选择默认提供的放大比例,也可以手工输入。如输入"350%"后,会在列表中出现一个新的条目,单击"应用"按钮后,会提示"是否注销",单击"立即注销"按钮,使设置生效,如图2-17所示。

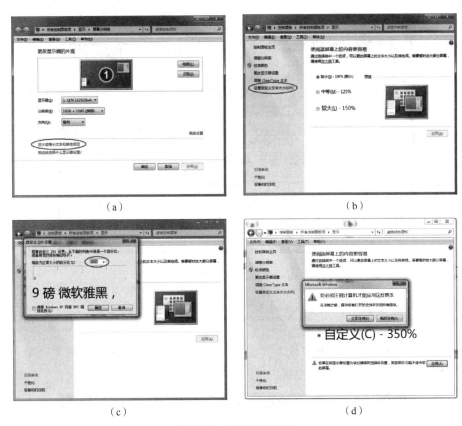

（a）　　　　　　　　　　　　　　　（b）

（c）　　　　　　　　　　　　　　　（d）

图 2-17　设置界面文本

4. 屏幕软键盘的开启或关闭

①打开"控制面板"，以"大图标"方式查看，双击打开"轻松访问中心"，如图 2-18 所示。

②在弹出的窗口中选择"启动屏幕键盘"，如图 2-19 所示。

图 2-18　屏幕软键盘

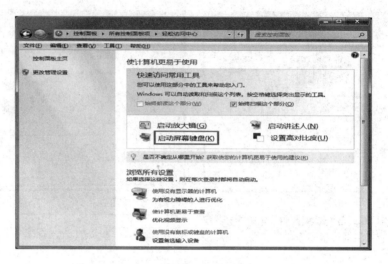

图2-19　启动屏幕键盘

③如想关闭屏幕键盘,直接单击右上角"关闭"按钮即可。

5. 添加或删除输入法

①首先单击"开始"→"控制面板"→"时钟、语言和区域"→"区域和语言",单击"键盘和语言"选项卡,单击"更改键盘"按钮,如图2-20所示。

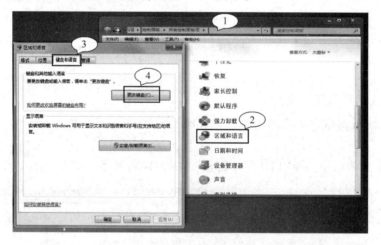

图2-20　添加或删除输入法

②在"文本服务和输入语言"对话框的"常规"选项卡中单击"添加"按钮,如图2-21所示。

③在列表中选择需要添加的输入法即可。

④如果想删除输入法,只要选中要删除的相应的输入法,单击"删除"按钮即可。

⑤也可以在桌面的右下角的语言栏处右击,在弹出的快捷菜单中选择"设置"进行添加,如图2-22所示。

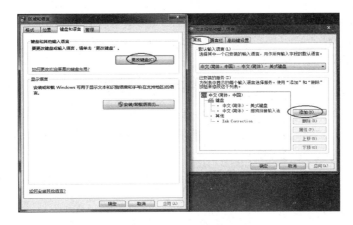

图 2-21 文本服务和输入语言

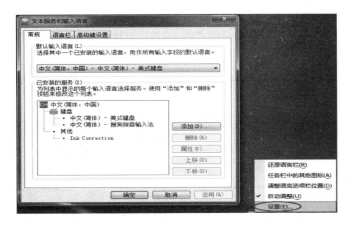

图 2-22 语言栏

6. 启用或禁用以缩图形式显示图标

①打开任意文件夹（如计算机）选择"组织"下拉菜单中的"文件夹与搜索选项"，如图 2-23 所示缩图形式显示图标。

图 2-23 "组织"下拉菜单

②弹出"文件夹选项"对话框后,单击"查看"选项卡。在"查看"选项卡中的"高级设置"列表框内找到"始终显示图标,从不显示缩略图",选中此复选框,即可禁用"以缩略图形式显示图标"功能,如图2-24所示。

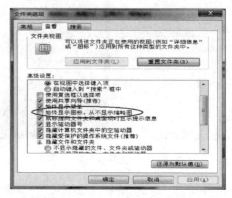

图2-24 "文件夹选项"对话框

### 7. 视觉效果高级设置

①依次选择"开始"→"控制面板"→"系统和安全"→"系统"命令,单击左侧的"高级系统设置",如图2-25所示。

(a)

(b)

(c)

图2-25 视觉效果高级设置

②依次选择"高级"→"性能"→"设置"命令,如图 2-26 所示。

③单击"视觉效果"选项卡,其中共有"让 Windows 选择计算机的最佳位置""调整为最佳外观""调整为最佳性能"和"自定义"4 个选项,如图 2-27 所示。

图 2-26　视觉效果高级性能设置

图 2-27　设置为"让 Windows 选择计算机的最佳位置"

④选中"调整为最佳性能"单选按钮,所有的视觉效果关闭。

⑤用户可以根据自己的需要进行"自定义"设置,达到视觉效果和性能的平衡。

## 2.2 文件和文件夹的管理

### 学习目标

- 能建立文件夹;
- 能移动文件;
- 学会数据备份;
- 能进行文件夹的重命名;
- 学会文件夹的属性设置;
- 能建立文件的快捷方式;
- 能删除文件。

计算机上的各种数据信息以文件的形式保存在磁盘上。在日常工作中,为了便于使用数据信息,需要对磁盘上的文件进行维护和整理,如文件或文件夹的建立、复制、移动和删除等操作,把数据信息在计算机中管理好。

一般要求对文件管理做到分类存放;对重要文件做好备份,防止原文件丢失,可以用以下方法解决。

①因为 C 盘一般为系统盘,专门用做安装系统程序和各种应用软件,所以一般以 D 盘为数据盘存放文件。

②在 D 盘建立文件夹,用来存放文件,文件夹最好命名,方便查找。

③对于重要文件,每次把文件最新的结果复制好放在另外一个磁盘或 U 盘中,作为备份。

④为经常访问的文件建立快捷方式,使用更方便。

⑤清理不用的垃圾文件,定期清空回收站。

下面对文件和文件夹具体管理如下。

1. 建立文件夹

在 D 盘上建立一个新的文件夹,命名"宣传资料",操作步骤如下。

①双击桌面的"计算机"图标,在打开后的窗口中双击 D 盘图标显示 D 盘窗口。

②在"文件"菜单中选择"新建"→"文件夹"命令,如图 2-28 所示,在文件夹图标下输入"宣传资料",按【Enter】键或在空白区域单击完成创建。

③然后用同样的方法在"宣传资料"文件夹中建立"图片"和"文档"两个子文件夹。

### 知识链接

(1)文件和文件夹的概念

文件:是用户赋予名字并存储在磁盘上等的信息的集合,它可以是文档、图片、声音、可

图 2-28　新建文件夹

执行文件。文件名＝主文件名＋扩展名，主文件名代表文件内容的标识，扩展名代表文件的类型，如："公司简介. docx"文件的主文件名，扩展名为. docx。

文件夹：是系统组织和管理文件的一种形式，为方便查找、维护、和存储而设置的。

（2）文件命名规则

①文件名、文件夹名不能超过 255 个字符。

②不能含有/、\、:、*、?、"、<、>、|字符。

③同一个文件夹中的文件文件夹不能同名。

④文件的扩展名表示文件的类型，通常为 1 ～ 3 个字符，如. bmp（位图文件）、. exe（可执行文件）、. c（C 语言程序文件）和. txt（文本文件）。

⑤文件和文件夹名不区分大小写字母。

2. 移动文件

把文件"公司简介"等相关文字资料移动到"D:\宣传资料\文档"文件夹中；将图片移动到"D:\宣传资料\图片"文件夹中。

①选中存放在 D 盘的"公司简介. txt"文件，然后选择"编辑"→"剪切"命令将文件放到剪切板上。

②双击"宣传资料"文件夹图标打开该文件夹，再双击"文档"文件夹图标，在打开的窗口中选择"编辑"→"粘贴"命令。用同样的方法将其他文件及图片分别移动到指定的文件夹。

3. 将文件夹"宣传资料"复制到 E 盘作为数据备份

①选中"D:\宣传资料"文件夹，选择"编辑"→"复制"命令。

②双击 E 盘图标打开 E 盘，选择"编辑"→"粘贴"命令。

4. 为"E:\宣传资料"文件夹改名

选中 E 盘中的"宣传资料"文件夹，选择"文件"→"重命名"命令，原文件夹名称处于可编辑状态,输入"宣传资料原文件"文字,在窗口任意空白位置单击或按【Enter】键即可。

5. 将文件夹设置为只读属性

打开 E 盘,右击"宣传资料原文件"文件夹,在弹出的快捷菜单中选择"属性"命令,打开文件夹属性对话框,选中"只读"复选框将文件属性设置为只读属性。

6. 建立快捷方式

小张在制作宣传画册时,经常要打开 D 盘"宣传资料"文件夹下的"宣传画册.docx"文件,觉得很麻烦,因此想在桌面上为文件"宣传画册.docx"建立快捷方式,以便快速打开这个文件,具体操作如下。

①双击"计算机"图标,在打开的窗口中双击 D 盘驱动器图标,在打开的窗口中双击"宣传资料"文件夹。

②右击"宣传画册原始资料.docx"文件,在弹出的快捷菜单中选择"发送到"→"桌面快捷方式"命令,如图 2-29 所示。

图 2-29　建立快捷方式

7. 删除"E:\宣传资料原文件\公司的联系方式.txt"文件

①双击"计算机"图标,在打开的窗口中双击 E 盘驱动器图标,再在打开的窗口中双击"宣传资料原文件"文件夹,选中"公司的联系方式.txt"文件。

②选择"文件"→"删除"命令将该文件删除,或者右击该文件,在弹出的快捷菜单中选出"删除"命令删除该文件。

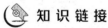 知 识 链 接

路径的概念:路径是指从根目录(或当前目录)开始,到达指定的文件所经过的一组目

录名(文件夹名)。

规则:盘符与文件夹之间以"\"分隔,文件夹与下一级文件夹之间也以"\"分隔,文件夹与文件名之间仍以"\"分隔。例 1:"D:\歌曲\MP3\远方 . mp3"表示存储在 D 盘→"歌曲"文件夹→"MP3"子文件夹中的"远方 . mp3"文件。

绝对路径:文件所在的盘符和所在的具体位置的完整路径,如例 1。

相对路径:以当前文件夹开始的路径,如:MP3\远方 . mp3。

## 2.3　熟悉控制面板及软硬件的管理

### 学习目标

- 能打开系统的控制面板;
- 能进行系统和安全设置;
- 理解网络和 Internet;
- 设置硬件及声音;
- 理解程序;
- 能设置用户账户和家庭安全;
- 学会外观和个性化设置;
- 理解时间、语言、和区域;
- 会使用任务管理器;
- 理解系统更新;
- 学会查看计算机硬件信息和硬件设备。

在使用计算机的过程中,要完成各类任务,就要借助计算机软件的帮助。如果想提高计算机的性能,必须利用专门的软件对计算机进行相关的设置。

在系统软件中有一类实用程序软件,如控制面板、磁盘清理程序、磁盘碎片整理程序等,可用于提高计算机的性能,帮助用户监视计算机系统设备、管理计算机系统资源和配置计算机系统。对计算机的相关设置可以通过这类专门的软件来完成。

1. 控制面板的打开

控制面板是 Windows 图形用户界面一部分,它允许用户查看并操作基本的系统设置。

①可通过选择"开始"菜单,在右侧选择"控制面板"打开,如图 2-30 所示。

②选择"开始"→"计算机"命令,在工具栏上单击"打开控制面板"也可打开,如图 2-31 所示。

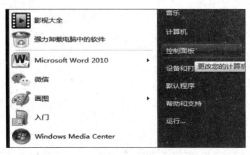

图2-30 控制面板的打开（1）

图2-31 控制面板的打开（2）

③打开后的"控制面板"如图2-32所示。

图2-32 控制面板的打开（3）

## 2. 系统和安全

在"控制面板"主页中选择"系统和安全"选项即可打开"系统和安全"界面，如图2-33所示。

图2-33 "系统和安全"界面

①操作中心：操作中心列出有关需要注意的安全和维护设置的重要消息。

②Windows 防火墙：在该区域中，显示计算机防火墙的状态。防火墙可以防止计算机遭到来自网络的攻击以及其他来自远程系统的安全威胁。

③系统：查看计算机的有关基本信息。弹出"系统属性"对话框，即可进行相应的设置。

④Windows Update：显示检查 Windows 更新的状态。

⑤电源选项：可以对显示器的亮度、关闭、进入睡眠状态的时间等进行相关设置。

⑥备份和还原：在该区域，显示了 Windows 备份的设置状态。如果备份没有设置，选择"设置备份"选项，选择保存位置，保证空间足够，就可以对系统备份进行设置。

⑦Bit Locker 驱动器加密：可以加密驱动器来保护文件与文件夹。

⑧管理工具：选择"创建并格式化硬盘分区"选项可弹出"磁盘管理"对话框，就可对磁盘的区分进行管理。

3. 网络和 Internet

"网络和 Internet"界面如图 2-34 所示。

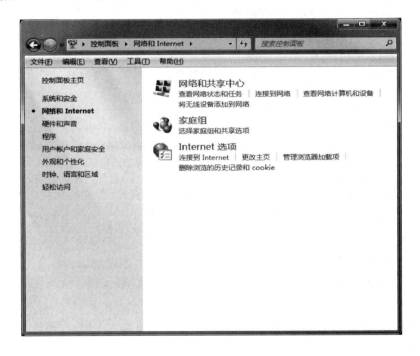

图 2-34　"网络和 Internet"界面

①网络和共享中心：网络和共享中心是 Windows 操作系统对网络配置和应用的最主要的图形化操作界面。

②家庭组：家庭组是家庭网络上可以共享文件和打印机的一组计算机。使用家庭组可以使共享变得比较简单。可以与家庭组中的其他人共享图片、音乐、视频、文档和打印机。其他人不能更改你共享的文件，除非你为他们提供了执行此操作的权限。可以使用密码帮

助保护家庭组,并且密码可以随时更改。Windows 7 设置计算机时,系统会自动创建家庭组。如果你的家庭网络中已存在家庭组,则可以加入该家庭组。

③Internet 选项:选择"Internet 选项"可打开"Internet 属性"对话框。

4. 硬件及声音

"硬件和声音"界面如图 2-35 所示。

图 2-35 "硬件和声音"界面

①设备和打印机:在该区域中可添加打印机与蓝牙设备,并查看其状态。

②自动播放:默认"为所有媒体和设备使用自动播放"。

③声音:可对系统声音进行调整,在屏幕右下角处,右击喇叭图标进行选择。

④电源选项:对电源、电池进行设置。

⑤显示:在左窗格中空白区域处右击,从弹出的快捷菜单中选择"个性化"命令,与单击左下角"显示"效果相同。

⑥高清晰音频管理器:是管理声音的,相当于任务管理器的作用,是管理计算机的启动程序。

⑦NVIDIA 控制面板:是调节设置显卡的。显卡基本上都是默认设置,但是如果看视频或者玩一些游戏,显卡有问题的时候就需要进行相应的设置,比如调节桌面的尺寸位置以及缩放模式等。

5. 程序

"程序"界面如图 2-36 所示。

①程序和功能:在使用计算机的过程中,往往会有一些过时或安装从未使用的软件,例如:有时在下载一些网络软件时,会被恶意安装本不想要的软件。这时可以使用该页面来

卸载软件。另外,根据个人使用计算机的情况,会对 Windows 的一些功能进行添加或者删除,这时可选择"打开或关闭 Windows 功能"选项,可更改"Internet 信息服务"部分,将我们的计算机配置成为 WWW、FTP 服务器。

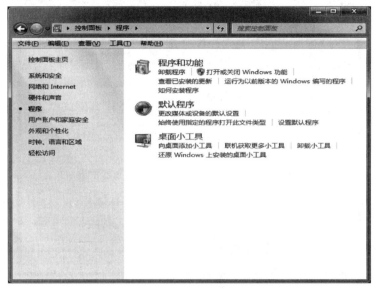

图 2-36    "程序"界面

②默认程序:默认程序可设置某类型文件所关联的软件、自动播放等。

③桌面小工具:桌面小工具包括 CPU 仪表盘、幻灯片放映、货币、日历、时钟、天气、图片拼图板、源标题。鼠标双击后图标可显示在桌面上。

6. 用户账户和家庭安全

本界面可对用户进行添加或删除、更改账户的图片或者密码、家长控制等操作,如图 2-37 所示。

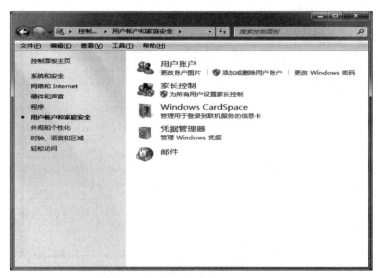

图 2-37    "用户账户和家庭安全"界面

### 7. 外观和个性化

"外观和个性化"界面如图 2-38 所示。

图 2-38 "外观和个性化"界面

其中,"个性化""显示""任务栏和「开始」菜单"命令可在桌面空白区域处右击鼠标,从弹出的快捷菜单中找到,"文件夹选项"可在"资源管理器"中找到。

### 8. 时钟、语言和区域

"时钟、语言和区域"界面,如图 2-39 所示。

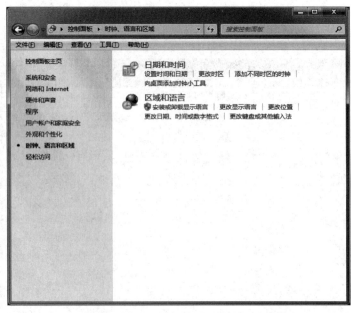

图 2-39 "时钟、语言和区域"界面

其中"日期和时间"与右击屏幕右下角时间区域进行设置相同,右击输入法图标与"区域与语言"设置中的部分功能相同。

### 9. 任务管理器

任务管理器用来管理计算机上当前正在运行的程序、进程和服务。右击任务栏,在弹出的快捷菜单中选择"启动任务管理器"命令,可以打开"Windows 任务管理器"窗口,如图 2-40 所示。按【Ctrl + Alt + Delete】组合键,在打开的界面中选择"启动任务管理器"命令也可以打开该窗口。

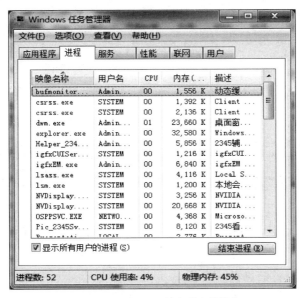

图 2-40　"Windows 任务管理器"窗口

在计算机上运行的每个程序都有一个与其关联的用于启动该程序的进程,使用任务管理器查看计算机上当前正在运行的进程,可以监视计算机的性能。当计算机上的程序停止响应时,可以使用任务管理器的"应用程序"选项卡来结束该程序。需要注意的是,使用任务管理器来结束程序可能比等待 Windows 查找问题并自动解决该问题更快,但是将丢失所有未保存的更改。

在"Windows 任务管理器"的"性能"选项卡中可以查看计算机 CPU 的使用率及其他程序的使用情况。其中"CPU 使用率"的百分比较高表明正在运行的程序或进程需要大量的 CPU 资源,这可能会使计算机的运行速度减慢。

### 10. 系统更新

系统更新可以防止或解决问题,增强计算机的安全性或提高计算机的性能。在安装完系统后,建议启用 Windows 自动更新功能。使用自动更新功能,Windows 会自动检查适用于计算机的最新更新。

根据所选择的 Windows Update 设置,Windows 可以自动安装更新,或者只通知用户有新的更新可用。在图 2-12 所示的控制面板中单击 Windows Update 打开 Windows Update 窗口,在左窗格中单击"更改设置"链接,打开图 2-41 所示的界面。

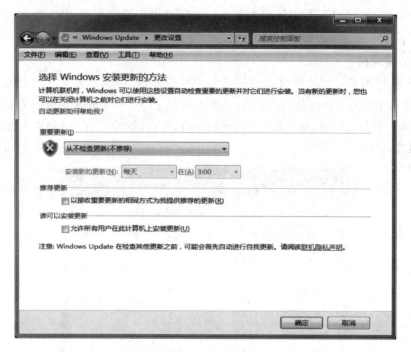

图 2-41　系统更新界面

选择 Windows 安装更新的方法后,单击"确定"按钮,系统将按照用户的设置对系统进行更新。

11. 查看计算机硬件信息和硬件设备

在图 2-33 所示的控制面板中单击"系统",打开如图 2-42 所示"设备管理器"的窗口。单击左窗格中的"设备管理器"链接,打开"设备管理器"窗口,如图 2-43 所示,可查看操作系统、处理器和内存容量及显卡、声卡等硬件设备的信息。

图 2-42　"设备管理器"窗口

图 2-43　计算机基本信息界面

## 2.4　Windows 7 系统安装与维护

### 学习目标

- 理解系统安装前的准备工作；
- 学会系统安装过程；
- 能进行 Windows 安装后的设置；
- 能进行系统的维护。

操作系统是管理和控制计算机系统软件和硬件的大型程序,是用户和计算机之间的接口。随着计算机的普及,安装 Windows 操作系统对于每个计算机用户来说,是必不可少的事情。对于计算机用户来说,在使用过程中难免系统会崩溃或系统不能正常使用,为了更好的使用计算机,安装操作系统是必不可少的工作。

安装 Windows 操作系统要经过安装前的准备、系统启动盘的设置、实施安装、安装后的设置等步骤。为了保证系统的稳定和安全,还要对操作系统进行维护和病毒的防治。

1. 安装前的准备工作

(1)备份重要数据

如果是重新安装操作系统,应将 C 盘如"我的文档""桌面"等文件夹中的重要数据备份在安全的磁盘里。若要将整个硬盘重新分区,应将整个硬盘中的重要数据备份在其他移动磁盘里。

(2)准备安装光盘或 USB 启动设备

根据计算机的配置和输入/输出硬件设备的兼容性,准备操作系统安装光盘或 USB 启动设备。根据需要准备应用程序及硬件的驱动程序等。

（3）硬盘的规划

规划磁盘是根据需要，将硬盘划分为若干个逻辑磁盘，称为分区。根据所选定的操作系统，考虑安装操作系统磁盘的大小，为操作系统、应用程序和其他文件在系统盘留有足够的空间。

（4）文件系统的选定

文件系统是指文件命名、存储和组织的总体结构。也就是我们经常所说的磁盘格式。操作系统不同，所要求的文件系统也不同，目前 Windows 操作系统常用的有 FAT32 和 NTFS 两种文件系统。

 **知 识 链 接**

NTFS（New Technology File System）是 Microsoft Windows NT 的标准文件系统，NTFS 有很好的安全性和稳定性，能管理 32 GB 以上的大磁盘，有很好地容错性，运行速度也很快。是目前 Windows 较为常用的文件系统。当然，选定何种文件系统，应考虑操作系统的版本、硬盘的大小、系统的稳定性、容错性和兼容性等方面。

2. 安装过程

（1）启动盘的设置

计算机在启动时要寻找启动盘，一般硬盘为第一启动盘。但 Windows 操作系统安装程序记录在光盘中，为此，在安装操作系统之前首先需要在 BIOS 中将光驱或 USB 设置为第一启动项。

（2）磁盘分区及格式化

磁盘接下来是磁盘分区和格式化。这里分两种情况，第一，如果是在原有的已分区上进行安装操作系统，会显示各个分区及大小，不需要分区时，直接选择分区进行安装。第二，在新磁盘上安装或需要重新分区时，则首先要进行分区。重新分区时必需删除原有分区。分区过程为设置主分区，也就是我们看到的 C 盘，然后设置其他逻辑分区，也就是我们看到的 D、E、F 等盘，根据需要设置这些盘的大小。

（3）安装操作系统

文件格式化磁盘后安装程序自动开始复制系统文件，根据安装过程的提示，需要我们输入序列号和重启动计算机等，我们只要耐心等待。

（4）安装显卡和声卡等所必需的驱动程序

一般 Windows 会自动识别本机的显卡和声卡。当系统提示找到新硬件时，将显卡和声卡驱动程序安装盘放入光驱，进行自动搜寻安装或指定路径通过安装硬件进行安装。

 **知 识 链 接**

①进入 BIOS 的方法随计算机的 BIOS 不同而不同，一般来说在开机自检通过后按【Delete】键，可进入 BIOS 设置，找到"Boot"项目，然后在列表中将第一启动项设置为 CD-

ROM 或 USB,保存设置并退出,然后重启动计算机。

在光驱中放入带启动功能的 Windows 操作系统光盘或带启动功能的 USB,重启动计算机。在启动过程中会有"Press any key to boot fromcd…"提示,按任意键会转入光盘启动。从光盘启动系统后,我们就会看到欢迎使用 Windows 7 安装页面和用户许可协议,同意许可协议。根据提示操作,继续进入下一步安装进程。

②磁盘分区以后一般选择 C 盘作为安装操作系统盘,然后对 C 盘进行格式化,格式化之前要选择文件系统,可选择 FAT32 或 NTFS 文件系统。开始格式化 C 盘,格式化磁盘就是将磁盘以某种文件系统标准化,以便文件的读取和写入。

③安装 Windows 7 系统操作步骤:

a. 设置光驱引导:将安装光盘放入光驱,重新启动计算机,当屏幕上出现的开机界面时,按下键盘上的【Delete】或【F1】【F2】键,完成后按【F10】键,选择"Y",退出 BIOS 重启计算机(进 BIOS 按键各机型略有不同)。

b. 光驱引导起来后,在完成对系统信息的检测之后,很快就会进入到 Windows 7 操作系统的正式安装界面当中,首先会要求用户选择安装的语言类型、时间和货币方式、默认的键盘输入方式等。设置完成后,则会开始启动安装。

c. 随后会提示您确认 Windows 7 操作系统的许可协议,我们在阅读并认可后,选中"我接受许可条款",同时在弹出的窗口中,根据情况选择"自定义(高级)"模式,进行下一步操作。

d. 进入分区界面,如果是新的硬盘,单击"驱动器选项(高级)",选择"新建(E)",创建分区(建议设置大小为 30 ~ 40 GB),设置分区容量并单击"下一步";如果原来有系统,则选择需要安装的分区(一般都是 C 盘),如果你想对硬盘进行分区或者格式化,可以单击"驱动器选项"。也可在此进行硬盘分区新建、删除,调整操作。

e. 选择好对应的磁盘空间后,下一步便会开始启动包括对系统文件的复制、展开系统文件(有时会停留在 0% 几分钟没有响应,正常)、安装对应的功能组件、更新等操作,期间基本无需值守,当前会出现一到两次的重启操作。

f. 文件复制完成之后,这个时候你可以把光驱中的光盘取出来了,如果没有取出光盘,重启后会出现刚开始的画面。

g. 首先,系统会邀请我们为自己创建一个账号,以及设置计算机名称,完成后单击"下一步"继续。

h. 安装完成后,进入桌面,输入密钥激活,激活成功后,安装完成。

3. Windows 安装后的设置

(1)设置屏幕分辨率

在安装完成后,Windows 7 以上版本的操作系统会自动调整屏幕的分辨率,分辨率越高,屏幕显示的内容就越多,但显示的文本就越小。调整分辨率的方法是,鼠标在桌面空白处右击,在快捷菜单中选择"属性"命令,弹出"显示器属性"对话框,单击"设置"选项卡,在"设置"选项卡中拖动滑块调整分辨率。

(2)设置网络连接

需要选择计算机连到网络的方式,一般家庭用户选择"数字用户线(DSL)"即可。如果是局域网用户的话那就选择"局域网 LAN"。选择了局域网后,就需要对 IP 地址以及 DNS

地址等项目进行配置,地址内容由网络管理部门规定。

（3）创建用户账户

当多人共享计算机时,有时设置会被意外地更改,为了防止他人更改计算机设置或不让别人使用你的计算机,可使用用户账户密码。创建用户账户的方法是,单击"开始"菜单的"控制面板",打开"控制面板",选择"用户账户",设置用户名和密码。

4. 系统的维护

（1）磁盘碎片整理

磁盘在使用过程中,由于经常对磁盘进行删除和复制操作,造成数据不能在磁盘上连续存储,形成了大量的碎片。

磁盘碎片整理操作比较简单,只要选择"开始"菜单中的"程序"命令,再选择"附件"中的"系统工具",然后选择"磁盘碎片整理程序",会弹出"磁盘碎片整理程序"对话框,再选择所要整理的磁盘,先进行分析,从分析的结果提示是否需要整理该磁盘,然后开始进行磁盘碎片整理。

（2）清理临时文件

操作系统和应用程序在运行过程中,会在系统盘存放一些临时的文件。在正常的情况下,程序运行结束后会清除这些临时文件,由于异常情况没有清除,长期积累比较多的临时文件,会占用有限的磁盘空间,可能会造成系统变慢。

可使用"开始"菜单的"程序"选项中的"系统工具",然后选择"磁盘清理"选项,来清理磁盘中的临时文件。

（3）病毒的防治

计算机病毒是破坏正常程序和计算机系统的一种程序。目前计算机病毒除了达到破坏目的以外,还可通过网络远程盗取他人的重要数据。计算机病毒几乎无孔不入。对社会和个人造成了极大的危害。对每个计算机用户来说,要以防治相结合,安装防火墙,下载安装操作系统漏洞修补程序,安装杀毒软件,开启病毒监视程序,使用杀毒软件检测磁盘,定期更新病毒库。

 **知识链接**

①磁盘碎片过多会增加磁头读写时间,使系统磁盘操作变慢,降低系统性能。通过操作系统提供的磁盘碎片整理程序,可以将数据重新调整存储位置,使之连续存放,提高系统读写效率。经过一段时间应对磁盘进行碎片整理。

②磁盘碎片整理需要耗费很长时间,磁盘碎片整理程序结束后计算机会自动停止。

# 小结

本单元属操作单元,在本单元中,我们通过学习 Windows 桌面及设置,做到能实现桌面（屏保、分辨率）、窗口、对话框的个性化设置。能实现通知区域图标的显示和隐藏。能更改屏幕保护程序、屏幕分辨率和界面文本大小。了解视觉效果高级设置。通过学习文件和文件夹的管理,能建立文件夹、移动文件、数据备份、文件夹的重命名、文件夹的属性设置、文件快捷方式建立、删除文件。通过学习熟悉控制面板及软硬件的管理,能对控制面板的打开,了解系统和安全,网络和 Internet,硬件和声音,程序,用户账户和家庭安全,外观和个性化,时钟、语言和区域,任务管理器系统更新查看计算机硬件信息和硬件设备。通过学习了解 Windows 系统安装与维护,了解系统安装前的准备工作、安装过程、Windows 安装后的设置、系统的维护等相关知识。为后续学习打下坚实的基础。

## 习题

**一、单选题**

1. Windows 7 是一种(　　　)。

　　A. 数据库软件　　　　B. 应用软件　　　　C. 系统软件　　　　D. 中文字处理软件

2. 在 Windows 7 操作系统中,将打开窗口拖动到屏幕顶端,窗口会(　　　)。

　　A. 关闭　　　　　　　B. 消失　　　　　　C. 最大化　　　　　D. 最小化

3. Windows 7 中,文件的类型可以根据(　　　)。来识别。

　　A. 文件的大小　　　　B. 文件的用途　　　C. 文件的扩展名　　D. 文件的存放位置

4. 要选定多个不连续的文件(文件夹),要先按住(　　　),再选定文件。

　　A.【Alt】键　　　　　B.【Ctrl】键　　　　C.【Shift】键　　　D.　【Tab】键

5. 在 Windows 7 中使用删除命令删除硬盘中的文件后,(　　　)。

　　A. 文件确实被删除,无法恢复

　　B. 在没有存盘操作的情况下,还可恢复,否则不可以恢复

　　C. 文件被放入回收站,可以通过"查看"菜单的"刷新"命令恢复

　　D. 文件被放入回收站,可以通过回收站操作恢复

6. 在 Windows 7 中,要把选定的文件剪切到剪贴板中,可以按(　　　)组合键。

　　A.　【Ctrl + X】　　　B.　【Ctrl + Z】　　　C.【Ctrl + V】　　　D.　【Ctrl + C】

7. 在 Windows 操作系统中,【Ctrl + C】是(　　　)。命令的快捷键。

　　A. 复制　　　　　　　B. 粘贴　　　　　　C.　剪切　　　　　　D.　打印

8. 在 Windows 7 的桌面上右击,将弹出一个(　　　)。

　　A. 窗口　　　　　　　B. 对话框　　　　　C. 快捷菜单　　　　D. 工具栏

9. 记事本的默认扩展名为(　　　)。

　　A. doc　　　　　　　B. com　　　　　　C.　txt　　　　　　　D. xls

10. 在 Windows 7 中,按(　　　)组合键可在各中文输入法和英文间切换。

　　A.【Ctrl + Shift】　　　　　　　　　　B.【Ctrl + Alt】

　　C.【Ctrl + 空格】　　　　　　　　　　D.【Ctrl + Tab】

## 二、操作练习题

1. 新建文件夹。

2. 新建文件。

3. 文件(文件夹)的复制。

4. 文件(文件夹)的移动。

5. 文件及文件夹的重命名。

6. 文件属性的修改。

7. 文件夹属性的修改。

8. 创建快捷方式。

9. 删除文件或文件夹。

10. 搜索文件并进行操作。

# 单元 3

# 计算机网络

现在计算机网络发展已经比较完善,技术已经比较成熟,应用已经非常广泛,组网也快捷、方便。所以,当代大学生必须了解和掌握一定的计算机网络基础知识。

## 学习目标

- 了解计算机网络的发展及其各阶段的基本组成;
- 掌握计算机网络的定义及其特点;
- 认识计算机网络的分类;
- 熟悉计算机网络的拓扑结构及其特点;
- 了解计算机病毒。

## 3.1 计算机网络的形成与发展

### 学习目标

- 理解计算机网络物理组成结构图;
- 了解计算机网络的发展;
- 了解计算机网络的发展趋势。

1. 第 1 阶段计算机网络

面向终端的计算机网络如图 3-1 所示。

在 20 世纪 50 年代,面向终端的网络是以单个计算机为中心的远程联机系统,将彼此独立发展的计算机技术与通信技术结合起来,完成了数据通信技术与计算机通信网络的研究,为计算机网络的产生做好了技术准备,奠定了理论基础。

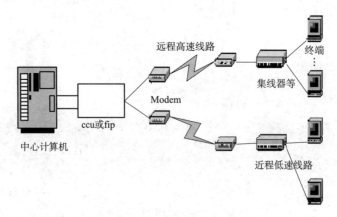

图 3-1 面向终端的计算机网络

### 2. 第 2 阶段计算机网络

计算机—计算机互联的计算机网络如图 3-2 所示。

在 20 世纪 60 年代,以美国国防部的 ARPANET 与分组交换技术为重要标志。ARPANET 是计算机网络技术发展中的一个里程碑,它的研究成果对促进网络技术的发展起到了重要的作用,为 Internet 的形成奠定了基础,也是 Internet 的前身。

### 3. 第 3 阶段计算机网络

开放式标准化计算机网络如图 3-3 所示。

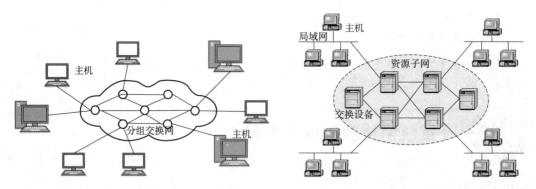

图 3-2 计算机—计算机互联的计算机网络    图 3-3 开放式标准化计算机网络

在 20 世纪 70 年代中期开始:国际上各种广域网,局域网与公用分组交换网发展十分迅速,各个计算机生产商纷纷发展各自的计算机网络系统(难以实现互联),但随之而来的是网络体系结构与网络协议的国际标准化问题。ISO(国际标准化组织)在推动开放系统参考模型与网络协议的研究方面做了大量的工作,对网络理论体系的形成与网络技术的发展产生了重要的作用,但他也同时面临着 TCP/IP 的挑战。

### 4. 第 4 阶段计算机网络

Internet 与异步传输模式 ATM 技术网如图 3-4 所示。

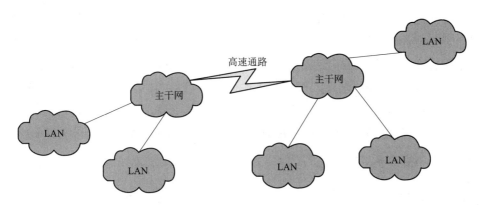

图 3-4　Internet 与异步传输模式 ATM 技术网

在 20 世纪 90 年代开始,Internet 作为世界性的信息网络,对当今经济、文化、科学研究、教育与人类社会生活发挥着越来越重要的作用。以 ATM 技术为代表的高速网络技术术为全球信息高速公路的建设提供了技术准备。利用 Internet 可以实现全球范围内的电子邮件、WWW 信息查询与浏览、电子新闻、文件传输、语音与图像通信服务等功能。高速网络技术发展表现在宽带综合业务数字网 B-ISDN、异步传输模式 ATM、高速局域网、交换局域网与虚拟网络。在 1993 年 9 月美国宣布了国家信息基础设施(NII)计划(信息高速公路)。

**注**:有些书将计算机网络发展分成 5 个阶段,第 5 阶段为高速以太网;网络将朝着高速化、智能化方向发展。

## 3.2　计算机网络的定义、功能、特点

🖥 学习目标

● 理解网络定义;

● 了解计算机网络的功能及特点。

1. 网络定义

计算机网络,是指将地理位置不同的具有独立功能的多台计算机及其外部设备,通过通信线路连接起来,在网络操作系统,网络管理软件及网络通信协议的管理和协调下,实现资源共享和信息传递的计算机系统。

**注释**:网络定义有多种,此定义为主;计算机网络就是通过电缆、电话线或无线通信将两台以上的计算机互联起来的集合;网络软件主要是网络协议和网络操作系统。

2. 网络功能

计算机网络的功能是资源共享、网络通信和对计算机的集中管理。除此之外还有负荷均衡、分布处理和提高系统安全与可靠性等功能。

其中分布处理,是把要处理的任务分散到各个计算机上运行,而不是集中在一台大型计算机上。这样,不仅可以降低软件设计的复杂性,而且还可以大大提高工作效率和降低成本。集中管理,是计算机在没有联网的条件下,每台计算机都是一个"信息孤岛"。在管理这些计算机时,必须分别管理。而计算机联网后,可以在某个中心位置实现对整个网络的管理。如数据库情报检索系统、交通运输部门的订票系统、军事指挥系统等。均衡负荷是当网络中某台计算机的任务负荷太重时,通过网络和应用程序的控制和管理,将作业分散到网络中的其他计算机中,由多台计算机共同完成。

3. 网络特点

计算机网络具有可靠性、高效性、独立性、扩充性、廉价性、分布性和易操作性等特点。

## 3.3 计算机网络分类

由于计算机网络自身的特点,其分类方法有多种。根据不同的分类原则,可以得到不同类型的计算机网络。

### 学习目标

● 了解不同分类方法;

● 掌握网络分类。

1. 按覆盖范围分类

按网络所覆盖的地理范围大小,计算机网络可分为局域网(Local Area Network,LAN)、城域网(Wide Area Network,MAN)、广域网(Wide Area Network,WAN)。

(1)局域网(见图3-5)

局域网是将较小地理区域内的计算机或数据终端设备连接在一起的通信网络。局域网覆盖的地理范围比较小,一般在几十米到几千米之间。它常用于组建一个办公室、一栋楼、一个楼群、一个校园或一个企业的计算机网络。局域网主要用于实现短距离的资源共享。如图3-5所示的是一个由几台计算机和打印机组成的典型局域网。局域网的特点是分布距离近、传输速率高、数据传输可靠等。

(2)城域网(见图3-6)

城域网是一种大型的LAN,它的覆盖范围介于局域网和广域网之间,一般为几千米至几万米,城域网的覆盖范围在一个城市内,它将位于一个城市之内不同地点的多个计算机局域网连接起来实现资源共享。通常是20~80 km。城域网所使用的通信设备和网络设备的功能要求比局域网高,以便有效地覆盖整个城市的地理范围。一般在一个大型城市中,城域网可以将多个学校、企事业单位、公司和医院的局域网连接起来共享资源。如图3-6所示的是不同建筑物内的局域网组成的城域网。

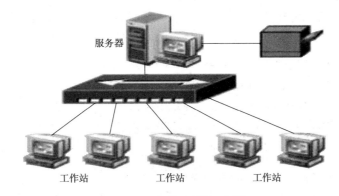

图 3-5 局域网连接示意图

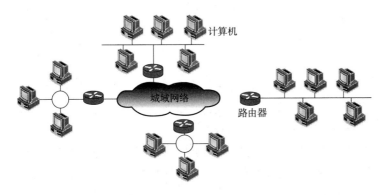

图 3-6 城域网连接示意图

（3）广域网（见图 3-7）

图 3-7 广域网连接示意图

广域网是在一个广阔的地理区域内进行数据、语音、图像信息传输的计算机网络。由于远距离数据传输的带宽有限，因此广域网的数据传输速率比局域网要慢得多。广域网可以覆盖一个城市、一个国家甚至于全球。因特网（Internet）是广域网的一种，但它不是一种具有独立性的网络，它将同类或不同类的物理网络（局域网、广域网和城域网）互联，并通过高层协议实现不同类网络间的通信。

2. 按照网络中计算机地位不同分类

按照网络中计算机地位的不同，可将网络分为对等网和基于客服机/服务器模式的网络。

（1）对等网

在对等网中，所有的计算机的地位是平等的，没有专用的服务器。每台计算机即作为服务器,又作为客户机;既为别人提供服务,也从别人那里获得服务。由于对等网没有专用的服务器,所以在管理对等网时,只能分别管理,不能统一管理,管理起来很不方便。对等网一般应用于计算机较少、安全性不高的小型局域网。

(2)客户机/服务器模式的网络

在这种网络中,计算机有两种角色,一种是服务器,一种是客服机。

①服务器:服务器一方面负责保存网络的配置信息,另一方面也负责为客户机提供各种各样的服务。因为整个网络的关键配置都保存在服务器中,所以管理员在管理网络时只需要修改服务器的配置,就可以实现对整个网络的管理了。

②客户机:主要用于向服务器发送请求,获得相关服务。如客户机向打印服务器请求打印服务,向 Web 服务器请求 Web 页面等。

3. 按传播方式分类

如果按照传播方式不同,可将计算机网络分为"广播式网络"和"点对点网络"两大类。

(1)广播式网络

广播式网络是指网络中的计算机或者设备使用一个共享的通信介质进行数据传播,网络中的所有节点都能收到任一节点发出的数据信息。

(2)点对点网络(Point-to-Point Network)

点对点式网络是两个节点之间的通信方式是点对点的。如果两台计算机之间没有直接连接的线路,那么它们之间的分组传输就要通过中间节点的接收、存储和转发,直至目的节点。

4. 按传输介质分类

按传输介质不同类,可分为有线网(Wired Network)和无线网(Wireless Network)。

(1)有线网

双绞线:其特点是比较经济、安装方便、传输率和抗干扰能力一般,广泛应用于局域网中。

同轴电缆:俗称细缆,现在逐渐淘汰。

光纤电缆:特点是光纤传输距离长、传输效率高、抗干扰性强,是高安全性网络的理想选择。

(2)无线网

就现在的无线网络,无线电话网是一种很有发展前途的连网方式;语音广播网具有价格低廉、使用方便,但安全性差的特点;无线电视网的普及率高,但无法在一个频道上和用户进行实时交互;微波通信网的通信保密性和安全性较好;卫星通信网能进行远距离通信,但价格昂贵。

## 3.4 计算机网络的拓扑结构

学习目标

• 认识和理解计算机网络拓扑结构;

● 理解每种结构的优缺点。

常见的计算机网络的拓扑结构有总线、星状、树状、网状与混合拓扑结构。

### 1. 总线拓扑结构

总线拓扑结构如图 3-8 所示。

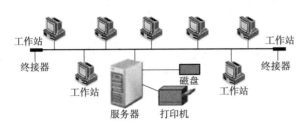

图 3-8　总线拓扑结构示意图

总线拓扑结构是指网络上的所有计算机都通过一条电缆相互连接起来。总线上的通信：任何一台计算机在发送信息时，其他计算机必须等待，信息将沿着总线向两端扩散，所有计算机都会收到该信息，但是否接收，还取决于信息的目标地址是否与网络主机地址相一致，若一致，则接受；若不一致，则不接收。

信号反射和终结器：在总线网络中，信号会沿着网线发送到整个网络。当信号到达线缆的端点时，将产生反射信号，这种发射信号会与后续信号发送冲突，从而使通信中断。为了防止通信中断，必须在线缆的两端安装终结器，以吸收端点的信号，防止信号反弹。

特点：其中不需要插入任何其他的连接设备。网络中任何一台计算机发送的信号都沿一条共同的总线传播，而且能被其他所有计算机接收。有时又称这种网络结构为点对点拓扑结构。

优点：连接简单、易于安装、成本费用低。缺点：①传送数据的速度缓慢，共享一条电缆，只能有其中一台计算机发送信息，其他接收。②维护困难，网络一旦出现断点，整个网络将瘫痪，而且故障点很难查找。

### 2. 星状拓扑结构

星状拓扑结构如图 3-9 所示。

每个节点都由一个单独的通信线路连接到中心节点上。中心节点控制全网的通信，任何两台计算机之间的通信都要通过中心节点来转接。因有些中心节点是网络的瓶颈，这种拓扑结构又称为集中控制式网络结构，这种拓扑结构是目前使用最普遍的拓扑结构，处于中心的网络设备跨越式集线器(Hub)也可以是交换机。

优点：结构简单、便于维护和管理，因为当中某台计算机或头条线缆出现问题时，不会影响其他计算机的正常通信，维护比较容易。

缺点：通信线路专用，电缆成本高；中心节点是全网络的可靠瓶颈，中心节点出现故障会导致网络的瘫痪。

### 3. 环状拓扑结构

环状拓扑结构如图 3-10 所示。

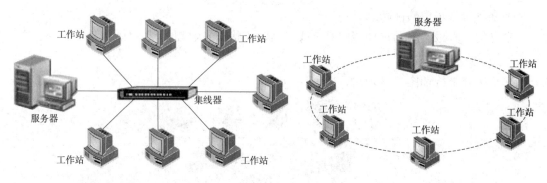

图 3-9　星状拓扑结构示意图　　　　　　　图 3-10　环状拓扑结构示意图

环状拓扑结构是以一个共享的环型信道连接所有设备,称为令牌环。在环型拓扑中,信号会沿着环型信道按一个方向传播,并通过每台计算机。而且,每台计算机会对信号进行放大后,传给下一台计算机。同时,在网络中有一种特殊的信号称为令牌。令牌按顺时针方向传输。当某台计算机要发送信息时,必须先捕获令牌,再发送信息。发送信息后在释放令牌。

环状结构的显著特点是每个节点用户都与两个相邻节点用户相连。

优点:电缆长度短:环型拓扑网络所需的电缆长度和总线拓扑网络相似,但比星型拓扑结构要短得多。

增加或减少工作站时,仅需简单地连接。可使用光纤;它的传输速度很高,十分适用一环型拓扑的单向传输。传输信息的时间是固定的,从而便于实时控制。

缺点:节点过多时,影响传输效率。环某处断开会导致整个系统的失效,节点的加入和撤出过程复杂。

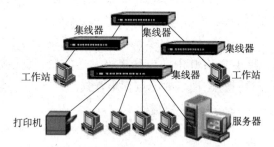

检测故障困难:因为不是集中控制,故障检测需在网中各个节点进行,故障的检测就不很容易。

4. 树状拓扑结构

树状拓扑结构如图 3-11 所示。

图 3-11　树状拓扑结构示意图

树状结构是星状结构的扩展,它由根节点和分支节点所构成。

优点:结构比较简单,成本低,扩充节点方便灵活。

缺点:对根节点的依赖性大,一旦根节点出现故障,将导致全网不能工作;电缆成本高。

5. 网状拓扑结构或混合结构

网状结构是指将各网络节点与通信线路连接成不规则的形状,每个节点至少与其他两个节点相连,或者说每个节点至少有两条链路与其他节点相连。大型互联网一般都采用这种结构,如我国的教育科研网 CERNET、Internet 的主干网都采用网状结构。

优点:可靠性高;因为有多条路径,所以可以选择最佳路径,减少时延,改善流量分配,提高网络性能,但路径选择比较复杂。

缺点:结构复杂,不易管理和维护;线路成本高;适用于大型广域网。

混合结构是由以上几种拓扑结构混合而成的,如环星状结构,它是令牌环网和 FDDI 网常用的结构。再如总线和星状的混合结构等。

## 3.5　计算机病毒

- 掌握计算机病毒定义;
- 了解计算机病毒分类。

计算机病毒的定义:计算机病毒有多种定义方式,但是大多以《中华人民共和国计算机信息系统安全保护条例》中的定义为主。

计算机病毒(Computer Virus)在《中华人民共和国计算机信息系统安全保护条例》中被明确定义,病毒指"编制或者在计算机程序中插入的破坏计算机功能或者毁坏数据,影响计算机使用,并且能够自我复制的一组计算机指令或者程序代码"。

计算机病毒的分类:计算机病毒种类繁多,根据不同的分类叫法不一样,我们系统的学习和掌握。本书只列举了部分分类。按传染方式分为引导型病毒、文件型病毒和混合型病毒。按连接方式分为源码型病毒、入侵型病毒、操作系统型病毒、外壳型病毒。根据病毒特有的算法分为伴随型病毒"蠕虫"型病毒、寄生型病毒、练习型病毒、诡秘型病毒、变型病毒(又称幽灵病毒)。

## 小结

计算机网络技术是计算机技术与通信技术的结合,随着现代计算机技术和通信技术的发展,它已经在我们的学习、生活、工作中扮演着重要的角色。我们必须掌握计算机网络的形成与发展、定义、功能、网络拓扑结构、计算机病毒等基本知识,从而认识计算机网络、形成网络的概念,对计算机网络能安全使用及维护奠定基础。

## 习题

### 一、单选题

1. 下面( )。服务 Internet 上没有。

　A. 网上商店　　　　B. 网上图书馆　　　　C. 网上桑拿浴　　　　D. 网上医院

2. 在 Internet 上做广告与传统的电视广告和报纸广告最大的区别是( )。

    A. 漂亮　　　　　　B. 篇幅大　　　　　　C. 便宜　　　　　　D. 内容多

3. WWW 起源于(　　　)。

    A. 美国国防部　　　　　　　　　　　B. 美国科学基金会

    C. 欧洲粒子物理实验室　　　　　　　D. 英国剑桥大学

4. Sun 中国公司网站上提供了 Sun 全球各公司的链接网址,其中 www. sun. com. cn 表示 SUN(　　　)。公司的网站。

    A. 中国　　　　　　B. 美国　　　　　　C. 奥地利　　　　　D. 匈牙利

5. HTML 的正式名称是(　　　)。

    A. 主页制作语言　　B. 超文本标识语言　C. WWW 编程语言　D. Java 语言

6. 发现计算机病毒时,最好的处理方法是(　　　)。

    A. 马上关机　　　　　　　　　　　　B. 重新热启动

    C. 运行杀毒软件　　　　　　　　　　D. 删除机上正在运行的程序

7. 中国互联网用户必须要先(　　　)才能收发电子邮件。

    A. 预支一年的电子邮件的费用　　　　B. 申请 E-mail 账户

    C. 购买邮票　　　　　　　　　　　　D. 没有

8. 下列几种讲法中,正确的是(　　　)。

    A. 在 Internet 上可体现充分的自由,想怎么说怎么做都可以

    B. 只要拥有他人账号密码,便可能打开他人的 E-mail

    C. E-mail 只能送给他(她)

    D. E-mail 账号能在固定的机器上入网使用,也可以在他人机上使用

9. 局域网的英文简写是(　　　)。

    A. LAN　　　　　　B. WAN　　　　　　C. MAN　　　　　D. WWW

10. 计算机病毒是(　　　)。

    A. 一种芯片　　　　B. 一段特制的程序　C. 一种微生物　　D. 一条 DOS 命令

11. 文件型病毒的主要传播对象是(　　　)。

    A. . exe 和 . prg　　B. . dbf 和 . com　　C. . exe 和 . com　　D. . exe 和 . dat

12. 若发现某张盘上已感染病毒,则应(　　　)。

    A. 将该盘销毁　　　　　　　　　　　B. 换一台计算机使用

    C. 用杀毒软件消除该盘上的病毒　　　D. 将该盘上的内容拷到另一张盘上

13. 目前杀毒软件的作用是(　　　)。

    A. 查出任何已感染的病毒　　　　　　B. 查出并消除任何病毒

    C. 消除已感染的任何病毒　　　　　　D. 查出并消除已知名的病毒

## 二、判断题

1. 函授学校电子信箱 school@ china. com,在@之前的 school 是收件人的名字,在@之后是 school 所在的邮箱服务器的地址。　　　　　　　　　　　　　　　　(　　)

2. 由于 Internet 上的 IP 地址是唯一的,所以人只能有一个 E-mail 账号。　　(　　)

3. 用户可使用匿名(Anonymous)FTP 免费获取 Internet 上丰富的资源。 （ ）

4. 因特网上的每台主机都不止有一个 IP 地址。 （ ）

5. 我们可以通过电子邮件同时给许多人发同样的一封信。 （ ）

6. 有 cn 标志的域名为国际域名。 （ ）

7. 我们平常所说的"黑客"与"计算机病毒"其实是一回事。 （ ）

8. 两位互通电子邮件的网友必须在同一个国家。 （ ）

9. 在 IE 中，"向后"按钮指的是移到上次查看过的 Web 页。 （ ）

10. 在 IE 中，"历史"按钮指的是显示最近访问过的站点列表。 （ ）

11. 最高域名 edu 指教育部门。 （ ）

12. 启动 IE 浏览器时，既可以双击桌面 IE 浏览器的图标,也可以单击任务栏上浏览器
图标。 （ ）

13. 输入网址时 http:// 一定要输入。 （ ）

14. 国际互联网络的音乐铺天盖地,各个音乐家主页都必须音乐家本人制作。 （ ）

15. 用户访问过主页的信息将被暂时保存起来。 （ ）

16. 电子商务是 Internet 上新兴的商业模式。 （ ）

17. 名为 AKAI 的用户申请了 163 的免费信箱,他的邮件地址为 AKAI@163. net。
（ ）

18. 网络问医是一个新的概念,它不需要与医生面对面接触。 （ ）

19. 有曲别针的邮件,表示该邮件中含有附件。 （ ）

### 三、填空题

1. 计算机网络的功能表现在_____、_____、_____和_____4 个方面。

2. 计算机网络按拓扑结构可分为_____、_____、_____、_____和_____
5 种。

3. 计算机网络由_____、_____、_____和_____4 个部分组成。

4. Internet 提供的服务有_____、_____、_____和_____4 种。

5. 网络安全的防范措施有_____、_____、_____、_____和_____5 种。

6. 计算机的安全机制包括_____、_____、_____、_____和_____5 种。

7. 按病毒入侵的途径分类可分为_____、_____、_____和_____4 种。

# 单元 4

# Word综合应用

Microsoft Office 对很多使用计算机的人来说,是再熟悉不过的软件了,也许你每天都要使用它,Word 2010 提供了文档格式设置工具,利用它可轻松、高效地组织和编写文档。无论是编写自荐书还是起草简历,Word 2010 都能更轻松、更快捷、更灵活地完成所需的任务,并取得很好的效果。

## 学习目标

- 掌握快速输入文本的技巧;
- 掌握使用查找和替换功能快速编辑文本;
- 掌握文本编辑的基本操作;
- 掌握在文档中插入和编辑各种对象,实现图文混排;
- 掌握使用样式对长文档进行排版;
- 掌握使用邮件合并功能批量处理文档;
- 学会设置多种打印方法,并将常用文档做成模板方便打印。

## 4.1　Microsoft Office 2010 简介

### 学习目标

- 了解目前常用的办公软件;
- 了解 Microsoft Office 发展历程;
- 理解常用的 Microsoft Office 组件;
- 熟悉 Word、Excel、PowerPoint 的通用操作。

### 4.1.1 Office 简介

在"信息技术"课程中,Office 是指日常的办公软件套装。目前,常用的办公软件产品有 Microsoft Office 和 WPS Office 两种。Microsoft Office 是由美国微软公司开发的办公软件套装,它最早为 Windows 操作系统(见图 4-1)、Mac OS 操作系统(见图 4-2)而开发。每一代的 Microsoft Office 都有一个以上的版本,每个版本都根据用户的实际需要,选择了不同的组件。比如 Microsoft Professional Office 2010 中包含的组件有:Microsoft Word 2010、Microsoft Excel 2010、Microsoft PowerPoint 2010、Microsoft Outlook 2010、Microsoft Access 2010、Microsoft Publisher 2010、Microsoft OneNote 2010 等,如图 4-3 所示。Microsoft Office 可以正常编辑 WPS 保存的文档,全面兼容 Windows、Mac 平台。

图 4-1 Windows 图标

图 4-2 Mac OS 图标

图 4-3 Microsoft Office 2010 组件

WPS Office 是由金山软件股份有限公司自主研发的一款办公软件套装,其徽标如图 4-4 所示,可以实现办公软件最常用的文字、表格、演示等多种功能。具有内存占用低、运行速度快、体积小巧、强大插件平台支持、免费提供海量在线存储空间及文档模板、支持阅读和输出 PDF 文件、全面兼容微软 Office 格式(doc/docx/xls/xlsx/ppt/pptx 等)的独特优势。覆盖 Windows、Linux、Android、iOS 等多个平台。

图 4-4 WPS Office 2010 徽标

WPS Office 支持桌面和移动办公,且 WPS 移动版通过 Google Play 平台,已覆盖50 多个国家和地区,其组件图标如图 4-5 所示。

### 4.1.2 Microsoft Office 发展历程

Office 最初出现于 20 世纪 90 年代早期,最初是一个推广名称,指一些以前曾单独发售的软件的合集,它最早为 Windows、Mac OS 操作系统而开发。在随后的30 多年里,Office 推出了一系列版本,从一开始的 Microsoft Office 1.0(1990 年),到后来被我们熟知和广泛使用的 Microsoft Office 2003(2003 年),Microsoft

图 4-5 WPS Office 组件

Office 2007(2007 年),Microsoft Office 2010(2010 年),以及现在推出的版本 Microsoft Office 2019(2019 年)。

除了一次性购买的 Office 套装软件,微软公司还推出了 Office 365 订阅服务。它为用户提供了 Office 工具和云服务,有面向个人、家庭和企业的版本,不同的版本提供不同的服务,它确保用户拥有最新的微软工具。本书选用 Windows 7 + Office 2010 为讲授和学习环境。

### 4.1.3 常用 Microsoft Office 组件介绍

Word 是全球通用的文字处理软件,它被认为是 Office 的主要程序。它在文字处理软件市场上拥有很大的份额。Word 可以用来制作各种文档,如信函、传真、公文、报刊、书刊、论文、简历、表格等,其图标如图 4-6 所示。

Excel 是电子表格软件,它具有强大的制表和绘图功能。像 Microsoft Word,它在市场拥有很大的份额。Excel 内置了数学、工程、财务、统计、逻辑等多种函数,可以对大量数据进行分类、排序甚至绘制图表等。Excel 被广泛地应用于管理、统计、金融等众多领域,其图标如图 4-7 所示。

PowerPoint 是幻灯片制作软件,能够制作出集文字、图形、图像、声音以及视频等多媒体元素于一体的演示文稿。用户可以在投影仪或者计算机上进行演示,也可以将演示文稿打印出来,制作成胶片,以便应用到更广泛的领域中。PowerPoint 不仅可以创建演示文稿,还可以在互联网上召开面对面会议、远程会议或在网上给观众展示演示文稿,其图标如图 4-8 所示。

图 4-6　Microsoft
Word 2010

图 4-7　Microsoft
Excel 2010

图 4-8　Microsoft
PowerPoint 2010

### 4.1.4 Word、Excel、PowerPoint 通用操作

Word、Excel、PowerPoint 窗口组成基本相同,有标题栏、快速访问工具栏、工具选项卡、工作区、滚动条、状态栏等,如图 4-9 所示。工具选项卡也有好几项相似,除此之外,很多操作也是通用的。

1. 新建文件的方式(以 Word 为例)

①按组合键【Ctrl + N】。

②打开"文件"→"新建"→"空白文档"。

③在桌面或者资源管理器窗口中右击,在弹出的快捷菜单中选择"新建"→"Microsoft Word"命令。

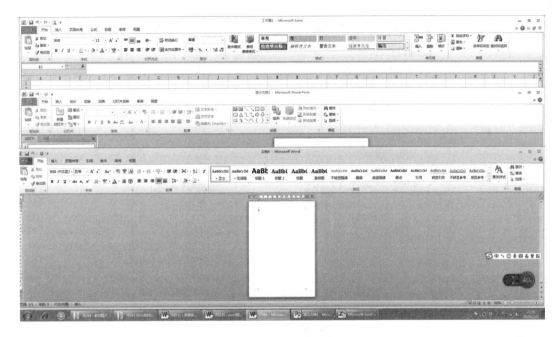

图 4-9　3 个软件窗口对比

　　双击任意文档图标打开文档,选中多个文档,使用打开命令可以同时打开多个文档。

　　2. 保存文档的方式

　　①初次保存文档的方式:选择"文件"→"另存为"命令,或者按快捷键【F12】,选择文档保存的位置、文件名、保存格式类型(可直接保存为 pdf、rtf 格式等)。

　　②再次保存:如果按原名、原位置和原格式保存,直接选择"保存"命令,或者按组合键【Ctrl + S】。如果需要创建一个副本,则在同一路径下以不同名称命名或者是将其保存到不同的位置。

　　③根据需要保护文档:选择"文件"→"信息"命令,在"保护文档"下拉列表中,可设置为只读(文档为最终状态)、用密码进行加密、限制编辑、按人员限制权限等。或者选择"文件"→"另存为"→"工具"→"常规选项"命令,可以根据用户需要为文档设置打开密码、修改密码,或者是以只读方式保存文档,如图 4-10 所示。

　　④设置文档定时自动保存:选择"文件"→"选项"命令,打开"Word 选项"对话框,如图 4-11 所示。单击"保存"选项,选中右侧的"保存文档"栏中"保存自动恢复信息时间间隔"复选框,在其后的数值框中输入自动保存时间间隔,一般设置 5～10 min 自动保存一次。文档保存后可以打印,打印之前需要预览。

　　3. 关闭文件的方式

　　①关闭文件可以使用窗口右上角"关闭"命令。

　　②按组合键【Alt + F4】。

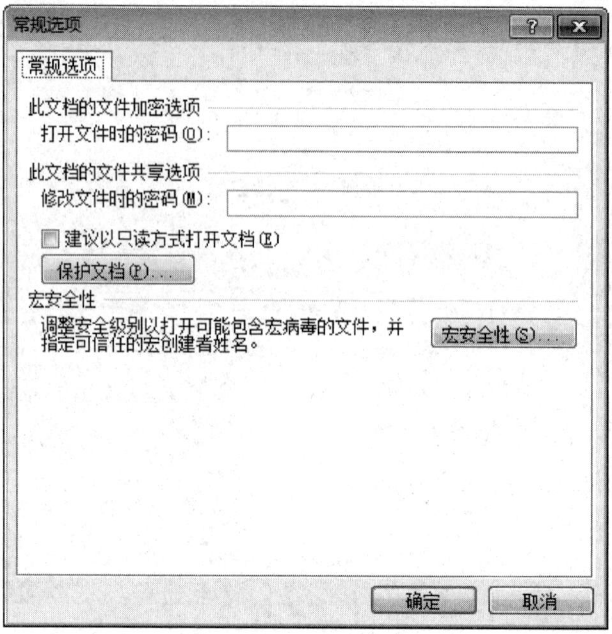

图 4-10 "常规选项"对话框

图 4-11 "Word 选项"对话框

4. 文本输入

可以输入中文、英文、数字和各种符号。

5. 选定文本方式

①拖动选中文本。

②按住【Shift】键选中连续文本,按住【Ctrl】键选中不连续文本。

③将鼠标指针移到某一行的最左侧,待指针变成白色箭头时,单击一次选中一行,快速单击两次选中一段,快速单击三次选中全文,选中全文的方式还可以按下组合键【Ctrl + A】。

6. 剪贴板功能

①文本的移动:选中文本拖动鼠标移动;也可以选中文本,单击"开始"选项卡→"剪贴板"组,选择"剪切"选项,将光标移到需要的位置,选择"粘贴"选项即可;或者按下组合键【Ctrl + X】+【Ctrl + V】。

②文本的复制:选中文本按住【Ctrl】键拖动鼠标,也可以通过"剪贴板"→"复制"→"粘贴",或者按下组合键【Ctrl + C】+【Ctrl + V】。

③删除文本:选中文本按【Backspace】退格键或者按【Delete】删除键或者直接剪切。

④粘贴:选择性粘贴功能能粘贴不同的对象。

7. 样式与格式刷

样式是一系列格式的集合,用户可以根据需要直接选择软件自带的样式模板,也可以创建新的样式模板。方法是选中文本后直接使用样式即可。

格式刷可以快速复制文字、段落、图形的格式到目标对象上。方法是选择源对象,单击"开始"选项卡"剪贴板"组的"格式刷"选项,鼠标指针变成一个小刷子的形状时,用这把刷子刷过的文本就会变成和源对象一样的格式。但是只能复制一次,如果想多次复制格式,就得双击"格式刷"图标,这样就可以对很多对象设置相同的格式。再单击"格式刷"图标一次,指针复原,就不能再复制格式。格式刷一般只能复制一个段落的一种字符样式和一种段落样式。

## 4.2 文本输入及编辑

### 学习目标

- 学会一些快速录入的技巧,提高文本录入效率;
- 会使用查找和替换功能批量设置文字和图片;
- 会设置页面;
- 会快速、精准选择文本;
- 会保存文档。
- 熟练运用"字体"组和"段落"组上各种功能编辑文档。

### 4.2.1 【案例1】文本输入——熟练的录入员

#### 案例描述

打开素材文档"文本输入(学生输入).docx",对照"熟练的录入员.pdf"效果图在表格内快速录入文字。

#### 技术准备

相关软件:Word 文字处理软件。

案例素材:"文本输入(教师演示).docx""文本输入(学生输入).docx"。

效果预览:"熟练的录入员.pdf"。

#### 操作流程

第1步　在红色单元格内按照效果图输入英文和中文。

打开素材文件夹,将文件"文本输入(学生输入).docx"复制一份放入指定位置并打开(打开文件不要直接编辑,需要建立副本,以备使用),打开效果图"熟练的录入员.pdf",将光标移到红色单元格内,直接使用键盘录入文字"Kunming railway vocational and Technical College"。切换到中文输入状态,选择一种习惯的输入法,在表格内输入汉字"昆明铁道职业技术学院"。

【案例1】熟练的录入员

#### 知识链接

中英文输入法切换快捷键:系统默认切换的方式有两种,【Ctrl + Space】组合键是在英文和最后一个使用的输入法直接切换,【Ctrl + Shift】组合键是各种输入法之间切换语言,目前很多第三方输入法都支持【Shift】一键快速中英文输入切换。

第2步　在红色单元格内按照效果图输入汉字数字。

将文字"￥12345.00"复制到后面的单元格,选择"插入"选项卡→"符号"组→"编号"选项,单击"编号"按钮,在打开的"编号"对话框中,编号类型选择选择中文大写数字,如图4-12所示,单击"确定"按钮即可将阿拉伯数字转换为汉字数字。

第3步　在红色单元格内按照效果图输入公式。

选中单元格,单击"公式"下拉按钮,在下拉菜单中选择"插入新公式"选项,即可在单元格内插入一个"在此处键入公式"控件,单击右下角的下拉三角,选择"更改为'内嵌'格式"选项,单击"公式工具设计"选项卡,使用"结构"组和"符号"组上的功能即可完成各类公式的输入。分数、上下标、根式、积分、带符号的字母等字符也可以通过插入公式的方式来录入。单击"插入"→"符号"下拉按钮,在下拉菜单中,选择"其他符号",打开"符号"对话框,可以在文档中插入符号、特殊字符以及一些不常用的汉字,如图4-13所示。

图 4-12　"编号"对话框

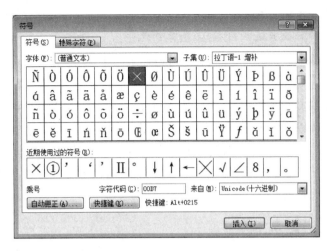

图 4-13　"符号"对话框

第 4 步　在红色单元格内按照效果图输入日期和时间。

选择"插入"选项卡→"文本"组→"日期和时间"选项，打开"日期和时间"对话框，如图 4-14 所示，选择一种格式插入即可。勾选对话框右下角的"自动更新"复选框即可使插入的日期和时间更新。

第 5 步　在红色单元格内按照效果图给古诗注音。

全选古诗，选择"开始"选项卡→"字体"组→"拼音指南"选项，打开"拼音指南"对话框，如图 4-15 所示，选择对齐方式为"左对齐"，偏移量为"4"，"字体"为"OFKai-SB"，"字号"为"10"，单击"确定"按钮即可为所有汉字注音。如遇到较难汉字，可以先打开任何一种输入法的"手写板"，手写录入汉字。

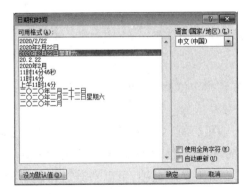

图 4-14　"日期和时间"对话框

图 4-15　"拼音指南"对话框

第 6 步　保存文档。

 **知 识 链 接**

在日常工作中，经常输入相同的内容：如家庭住址、身份证号码、邮箱地址等文本，可以用 Word "自动更正" 对话框中定义一个词语来代替这些内容,用户在输入这个词语后,可以轻松替换成这些内容,提高工作效率。

### 4.2.2 【案例2】查找和替换——中国速度

Word 中查找和替换是一个很重要的工具,特别是在批量修改文章或者是要重点编辑重复的文字和图片时,能够熟练运用这个工具,往往能达到事半功倍的效果。查找和替换不但可以作用于具体的文字,也可以作用于格式、特殊字符、通配符等。

Word 中可以对输入的文字进行格式设置,包括字体、字间距、文字效果,所以在查找时,除了普通的查找,即纯文字查找外,还可以高级查找,即带格式的文字查找。同样可以替换文字格式。

#### 📋 案例描述

将"中国速度.docx"中正文做以下设置:

①查找"雷神山"3 个字在文档中出现的次数及位置。

②将文中所有数字设置成"红色""加粗"以达到突出显示效果。

③将文中多余的换行符删除。

④使用通配符将文中出现"某某化"的文字设置成"绿色"加"着重号"加以强调。

⑤将文中所有的图片设置成居中对齐。

#### 📰 技术准备

相关软件:Word 文字处理软件。

案例素材:"中国速度.docx"。

效果预览:"中国速度.pdf"。

#### 🖥 操作流程

【案例2】中国速度

第1步 找到素材文档,新建一个副本。

打开素材文档"中国速度.docx",新建一个副本到指定位置,打开副本文档进行编辑。

第2步 查找"雷神山"3 个字在文中出现的次数及位置。

选择"开始"选项卡→"编辑"组→"查找"命令(或组合键【Ctrl+F】),在文档的左侧弹出导航窗格,在搜索文档文本框中输入"雷神山",按【Enter】键,在搜索框下侧出现查找到的结果:搜索到 7 个匹配项,并列出了匹配项清单,单击某个匹配项,可以对其进行编辑处理。同时搜索到的文字以黄色底纹突出显示。

第3步 将文中所有数字设置为"红色""加粗"效果。

将光标移到文档的最前面,选择"开始"选项卡→"编辑"组→"替换"命令(或组合键【Ctrl+H】),打开"查找和替换"对话框,选择"替换"选项,单击"更多"按钮展开对话框。单击"查找内容"文本框,单击"特殊格式"下拉按钮,在下拉菜单中选择"任意数字"选项。单击"替换为"文本框,单击"格式"下拉按钮,在下拉菜单中选择"字体"选项,打开"查找字体"

对话框,选择字体颜色为"红色",字形为"加粗",单击"确定"按钮返回到"查找和替换"对话框,如图 4-16 所示,单击"全部替换"按钮即可完成对文中所有数字的突出显示设置。

 **知识链接**

　　在"查找和替换"对话框的最下面有"替换"标签,对应 3 个按钮,其中"格式"和"特殊格式"是设置查找或替换内容的格式,"不限定格式"是取消设置的格式,如果在格式设置前,"查找内容"或"替换"文本框下面已经有格式,需单击"不限定格式"按钮删除这些格式。

　　第 4 步　删除换行符。

　　从网上下载的资料经常有很多小箭头,可以通过查找和替换功能快速删除。打开"查找和替换"对话框,单击"查找内容"文本框,单击"特殊格式"下拉按钮,在下拉菜单中选择"手动换行符"选项。单击"替换为"文本框,单击"特殊格式"下拉按钮,在下拉菜单中选择"段落标记"选项,如图 4-17 所示,单击"全部替换"按钮即可将文中所有手动换行符替换为段落标记。

图 4-16　"查找和替换"对话框 1　　　　图 4-17　"查找和替换"对话框 2

 **知识链接**

　　软回车:【Shift + Enter】组合键产生的直箭头(即:↓),官方名称是手动换行符,只占一个字节,代码是"^l",只是换行,但没有分段。硬回车:是我们在 Microsoft Word 中按回车键(【Enter】键)产生的小弯箭头,官方名称是段落标记,占两个字节。硬回车在换行的同时也起着段落分隔的作用。

　　第 5 步　使用通配符设置文字格式。

　　打开"查找和替换"对话框,单击"查找内容"文本框,在文本框中输入"?? 化",单击"替换为"文本框,单击"格式"下拉菜单,选择"字体"选项,打开"查找字体"对话框,选择添加"着重号",单击"确定"按钮返回到"查找和替换"对话框,如图 4-18 所示,单击"全部替换"即可将文中所"某某化"设置成绿色加着重号。

第6步 对齐图片。

打开"查找和替换"对话框,单击"查找内容"文本框,单击"特殊格式"下拉按钮,在下拉菜单中选择"图形"选项。在"替换为"文本框,单击"格式"下拉按钮,在下拉菜单中选择"段落"选项,打开"查找段落"对话框,选择对齐方式为"居中",单击"确定"按钮返回到"查找和替换"对话框,如图4-19所示,即可将所有的图片设置为居中对齐。

图4-18 "查找和替换"对话框3　　　图4-19 "查找和替换"对话框4

第7步 隐藏段落标记。

单击"开始"选项卡→"段落"组,单击"显示\隐藏段落标记"。

第8步 保存文档。

### 4.2.3 【案例3】Word 文本编辑基本操作——匆匆

**案例描述**

打开素材文档"匆匆.docx",按以下要求进行格式设置。

①页面设置:将页面设置为上下页边距分别为"1英寸",设置装订线为左侧"50磅",将每页设置为若采用宋体、五号字时,每页45行,每行38个字符的页面格式。

②将后3段文字设置为等宽分栏"3栏"。

③将第1段和第2段内容互换,并将每个自然段加上编号,项目编号格式更改为[1]、[2]、[3]。

④文章标题设置:"三号""隶书""下画线",分散对齐的文字宽度为"2厘米"。

将标题设置成"熊熊火焰"的文字效果,为标题加上"2.25磅""橙色""点画线""三维方框"。

⑤段落设置:将第一段设置为段前"0.5行",段后"0.5行",左缩进"1英寸",右缩进"1英寸",行距为"15磅"。将第2段设置为"25%绿色底纹",将最后3段的字间距设置为加宽"1.2磅"。

## 技术准备

相关软件:Word 文字处理软件。

案例素材:匆匆 . docx"。

效果预览:匆匆(效果). pdf"。

## 操作流程

**第 1 步** 找到素材文档,新建一个副本。

打开素材文档"匆匆 . docx",新建一个副本到指定位置,打开副本文档进行编辑。

**第 2 步** 页面设置。

单击"页面布局"选项卡→"页面设置"组→"页边距"下拉按钮,在下拉菜单中选择"自定义页边距"选项,打开"页面设置"对话框,在上、下页边距文本框中分别输入"1 英寸",设置装订线为"左侧""50 磅",如图 4-20 所示。切换到"文档网格"选项卡,勾选"指定行和字符网格"单选按钮,设置行数每页为"45",字符数每行为"38",如图 4-21 所示。

【案例 3】匆匆

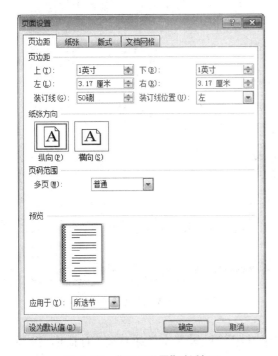

图 4-20 "页面设置"对话框 1

图 4-21 "页面设置"对话框 2

**第 3 步** 分栏。

选中后 3 段文字,单击"页面布局"选项卡→"页面设置"组→"分栏"下拉菜单,选择"3 栏"选项即可将后 3 段文字设置成等宽 3 栏。

第4步 移动文本。

①选中第2段文字,单击"开始"选项卡→"剪贴板"组→"剪切"选项,把插入点移动到目标位置,单击"粘贴"(注意:若不成段落,要按【Enter】键)即可完成段落位置调换。

②选中全部段落,单击"开始"选项卡→"段落"组→"编号"下拉按钮,在下拉菜单中选择[1]、[2]、[3]格式即可为文本添加编号。

第5步 文章标题设置。

①选中标题,注意不要选上段落标记(特别是段落标记隐藏时,实际操作中段落标记经常一起被选中,处理的方法是按住【Shift+←】组合键,使选中的内容左移1个字符),选择"开始"选项卡→"段落"组→"分散对齐"选项,打开"调整宽度"对话框,在"新文字宽度"框中输入"2厘米",如图4-22所示,单击"确定"按钮即可调整标题文字分散对齐的文字宽度。

②单击"开始"选项卡,选择"扩展功能"选项,打开"字体"对话框,选择"三号"字号、中文字体为"隶书",选择其中一种下画线,如图4-23所示,单击"确定"按钮即可完成设置。

图4-22 "调整宽度"对话框　　　　　　图4-23 "字体"对话框

③单击"字体"对话框中的"文字效果"按钮,打开"设置文本效果格式"对话框,选择"文本填充"→"渐变填充",预设颜色选"熊熊火焰",如图4-24所示。

④选择"开始"选项卡→"段落"组→"下框线"→"边框和底纹"选项,打开"边框和底纹"对话框,"样式"框选择"点画线","颜色"框选择"橙色","宽度"框选择"2.25磅","边框"为"三维",如图4-25所示。

图 4-24　"设置文本效果格式"对话框　　　　图 4-25　"边框和底纹"对话框

第 6 步　段落设置。

①选中第 1 段文字,单击"开始"选项卡→"段落"组,选择段落组上"扩展功能"选项,打开"段落"对话框,在左侧缩进文本框中输入"1 英寸",右侧缩进文本框中输入"1 英寸",段前间距文本框输入"0.5 行",段后间距文本框中输入"0.5 行",行距选择"固定值",设置值文本框中输入"15 磅",如图 4-26 所示。

②选中第 2 段文字,打开"边框和底纹"对话框,切换到"底纹"选项卡,图案样式文本框选择"25%",颜色文本框选择"绿色"("25% 的绿色底纹"中"绿色"在"25%"下方设置,即为底纹的颜色,而不是填充的颜色),应用于文本框选择"段落",如图 4-27 所示,单击"确定"按钮即可完成段落底纹设置。

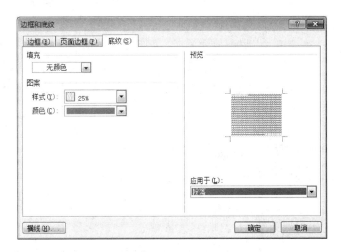

图 4-26　"段落"对话框　　　　　　图 4-27　"边框和底纹"对话框

③选中后 3 段文字，单击"开始"选项卡→"字体"组，选择"扩展功能"选项，打开"字体"对话框，切换到"高级"选项卡，在"间距"文本框中选择"加宽"，在"磅值"文本框中输入"1.2 磅"，如图 4-28 所示，单击"确定"按钮即可。

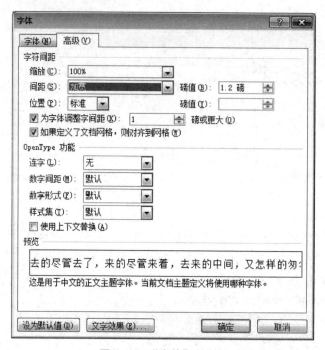

图 4-28 "字体"对话框

第 7 步 保存文档。

### 知识链接

段落设置：依据要求设置，不必拘泥于对话框中现有的单位，即可在对话框中输入单位名称。

边框和底纹：对于底纹，要明确应用范围是"段落"还是"文字"，对于"标题"，没有强调"段落"或"文字"的，一律为"文字"范围。

项目符号和编号：无论是符号还是编号，都必须操作两遍，第 1 次设置符号及编号的样式，第 2 次才是正确选择的样式。

## 4.3 图文混排

### 学习目标

• 学会在文档中插入图片的方法，学会图片格式的设置，包括调整图片大小，图片裁剪，环绕方式，会调整图片的亮度、对比度、颜色和艺术效果等；

● 学会在文档中插入自选图形的方法,学会对自选图形进行格式设置,包括组合、对齐、填充效果等;

● 学会在文档中插入文本框并设置文本框和字体格式;

● 学会在文档中插入艺术字,并设置艺术字字体格式和样式;

● 学会在文档中插入表格,熟练调整表格,会选择表格中的行、列和单元格,会合并和拆分单元格,会设置单元格对齐方式,会美化表格,包括装饰表格的边框和底纹,会在表格中插入各种对象;

● 会设置表格、文本框等无边框,透明色。

### 4.3.1 【案例4】裁剪和调整图片——不一样的绣球花

**案例描述**

①将网络上下载的绣球花图片带有的水印裁剪掉,并裁剪为"云形"。

②将裁剪水印后的绣球花做适当调整:更正图片的亮度、对比度和清晰度;更改图片颜色,添加"塑封"艺术效果。

③将图片按图示排列。

**技术准备**

相关软件:Word 文字处理软件。

案例素材:"绣球花.jpg"。

效果预览:"不一样的绣球花(效果).pdf"。

**操作流程**

第1步　裁剪图片。

在指定位置新建一个 Word 文档,命名为"不一样的绣球花"。选择"插入"选项卡→"插图"组→"图片"选项,打开"插入图片"对话框,根据路径选中插入图片"绣球花.jpg",这时工具栏上出现"图片工具格式",单击"排列"组上"自动换行"下拉按钮,在下拉菜单中选择"四周环绕型"。单击"大小"组上"裁剪"图标下拉按钮,在下拉菜单中选择"裁剪"功能,这时图片四周出现 8 个裁剪控制标识,如图 4-29 所示,将鼠标指针移至这些标识上,指针变为锤子形状时,按住鼠标左键拖动到需要位置即可进行裁剪,再次单击"裁剪"图标即可完成裁剪。将裁剪水印后的图片复制粘贴成 8 张 2 列图片。

第2步　将图片裁剪为形状。

选中图片,单击"图片工具格式"选项卡→"大小"组上"裁剪"图标下拉按钮,在下拉菜单中选择"裁剪为形状"功能,在打开的子菜单中选择"云形"即可,如图 4-30 所示。

第3步　调整图片亮度和对比度。

选中图片,单击"图片工具格式",单击"调整"组上"更正"图标下拉按钮,在下拉菜单下的子菜单中选择"柔化 50%,""亮度 +40%,对比度 −20%",如图 4-31 所示。

【案例4】不一样的绣球花

图 4-29　"裁剪"功能

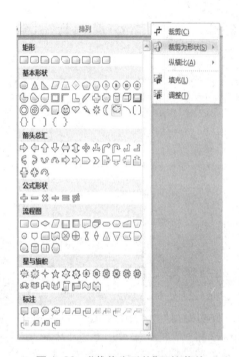

图 4-30　"裁剪为形状"下拉菜单

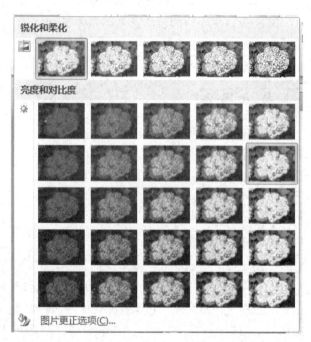

图 4-31　"更正"功能

第 4 步　调整图片颜色。

选中图片，单击"图片工具格式"，单击"调整"组上"颜色"图标下拉按钮，在下拉菜单的子菜单中选择"饱和度 33%"，色调"5 300K"，重新着色为"灰度"，如图 4-32 所示。

第 5 步　设置图片艺术效果。

选中图片，单击"图片工具格式"，单击"调整"组上"艺术效果"图标下拉按钮，在下拉菜单的子菜单中选择"塑封"，如图 4-33 所示。

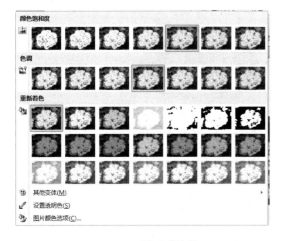

图 4-32  "颜色"功能

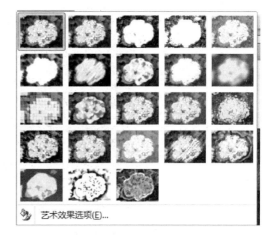

图 4-33  "艺术效果"功能

第 6 步  设置图片大小、对齐图片。

选中所有图片,选择"图片工具格式"选项卡→"大小"组→"扩展功能"选项,打开"布局"对话框,取消勾选"锁定纵横比"复选框,将图片设置成同样大小,高度绝对值为"5.5 厘米",宽度绝对值为"7.7 厘米",如图 4-34 所示。选择"图片工具格式"选项卡→"排列"组→"对齐"功能,将两列图片分别上下左右对齐,且上下图片间隔两行网格线。图片编辑后效果如图 4-35 所示。

图 4-34  "布局"对话框

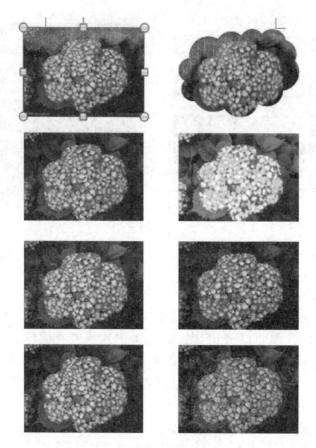

图4-35 "不一样的绣球花"效果图

第7步 保存文档。

### 4.3.2 【案例5】插入并编辑自选图形——小船儿轻轻飘荡在水中

**案例描述**

在应用图形绘制简笔画和结构图时,需要对其中的图形进行排列,以保证图片的美观。

**技术准备**

相关软件:Word 文字处理软件。

案例素材:"大海.jpg""轮船简笔画.jpg"。

效果预览:"小船儿轻轻飘荡在水中.pdf"。

【案例5】小船儿
轻轻飘落在水中

**操作流程**

第1步 在文档中插入自选图形。

新建一个 Word 文档,命名为"小船儿轻轻飘荡在水上"。选择"插入"选项卡→"插图"组,单击"形状"下拉按钮,其下拉菜单如图 4-36 所示,选择梯形、矩形、菱形简单地画出一艘小船的模样。

第 2 步　对齐图形。

按住【Ctrl】键或者【Shift】键选择需要设置排列的图形,选择"绘图工具格式"→"排列"组,单击"对齐"图标下拉按钮,其下拉菜单如图 4-37 所示,选择"左右居中"即可使图形整齐、对称排列。

第 3 步　设置图形填充效果。

选中梯形、两个矩形,选择"绘图工具格式"→"形状样式"组,选择"扩展功能"选项,打开"设置图片格式"对话框,切换到"填充"选项,勾选"图片或文理填充"单选按钮,如图 4-38 所示,选择"纸莎草纸",单击"关闭"按钮即可完成对所选图形效果设置。同样的方法设置菱形填充为"渐变填充"格式颜色选择"彩虹出岫Ⅱ"即可完成对菱形的效果设置。

第 4 步　组合图形。

按住【Ctrl】键不放,选中需要组合的 4 个图形,选择"绘图工具格式"→"排列"组,单击"组合"下拉按钮,其下拉菜单如图 4-39 所示,选择"组合"选项即可将所选图形组合成一个图形。

图 4-36　"形状"下拉菜单

图 4-37　"对齐"下拉菜单

图 4-38　"设置图片格式"对话框

第5步　组合两张图片。

在小船所在的文档中插入"大海.jpg"，设置页面为横向，设置图片"大海.jpg"自动换行为"四周环绕型"，发现图片盖住了小船，单击大海图片，单击"图片工具格式"选项卡→"排列"组，单击"下移一层"下拉按钮，在下拉菜单中选择"置于底层"即可将大海设置为小船的背景，选中小船图形，设置为"四周环绕型"，按住【Alt】键不放，同时单击图形四周控制点并拖动，可将小船精准缩放到合适大小，这样就可以完成"小船儿轻轻飘荡在水中"制作，如图4-40所示。

图4-39　"组合"下拉菜单

图4-40　"小船儿轻轻飘荡在水中"效果图

第6步　保存文档。

### 4.3.3　【案例6】图文混排——相约昆铁

**案例描述**

①制作一份关于昆明铁道职业技术学院的宣传海报，效果如"相约昆铁（效果）.pdf"所示。

②页面设置为A3、横向、窄页边距，页面颜色为深蓝色。

③页面分上、中、下3部分，上部分为天佑楼图片，天佑楼图片置于底层，图片上正中央插入艺术字"昆明铁路职业技术学院"，左侧合适位置插入学院标志。

④页面中间部分为学院简介，"学院简介"放在自选图形"流程图:终止"内，其余文字放入文本框内，文本框边框设置为白色虚线，填充颜色设置为浅黑色。

⑤页面下面部分分为3栏，栏宽相等，无分割线。左边栏为一个2列8行的无框表格，左侧单元格内插入图片，右侧单元格内插入系部名称及专业。中间栏和右边栏为学院师资和办学历史，右边栏末尾插入一个"圆角矩形"的自选图形，并添加文字。

**技术准备**

相关软件:Word文字处理软件。

案例素材:"天佑楼.jpg""铁道机车系.jpg""铁道电气工程系.jpg""铁道运输系.jpg""机电工程系.jpg""学院标志.jpg"。

效果预览:"相约昆铁（效果）.pdf"。

**操作流程**

**第 1 步　页面设置。**

新建一个 Word 文档,命名为"相约昆铁"。单击"页面布局"选项卡→"页面设置"组→"纸张大小"下拉按钮,在下拉菜单中选择"A3"选项;单击"页边距"下拉按钮,在下拉菜单中选择"窄"页边距;单击"纸张方向"下拉按钮,在下拉菜单中选择"横向"纸张;单击"页面背景"组→"页面颜色"下拉按钮,在下拉菜单中选择背景颜色为"蓝色,强调文字颜色 1,深色 25%"样式。

**第 2 步　版面规划。**

①在页面编辑区顶端插入图片"天佑楼.jpg",选择图片对齐方式为"左右居中"并等比例缩放至页面宽度,合适大小。

②单击"插入"选项卡→"文本"组→"文本框"下拉按钮,其下拉菜单如图 4-41 所示,选择"绘制文本框"选项,在图片"天佑楼.jpg"下方插入一个文本框,单击"绘图工具格式"选项卡→"排列"组,设置文本框和图片"天佑楼.jpg"同宽度,"左右居中"。单击"形状样式"组,单击"形状填充"下拉按钮,在下拉菜单中选择"黑色,文字 1,淡色 25%"样式,单击"形状轮廓"下拉按钮,在下拉菜单中选择"白色,背景 1"样式,选择"粗细"选项,选择"3 磅"样式,选择"虚线"选项,选择"短画线"样式。在文本框内添加文字,将文字设置为"五号""宋体""浅蓝色",首行缩进为"2 字符""单倍行距",并将文本框向下拉至刚好能显示所有文字。

③将光标移至文本框下面,空一行,最左侧,单击"插入"选项卡→"表格"组→"表格"下拉按钮,在下拉菜单上选择一个 2×4 的表格,如图 4-42 所示,并将相关文字复制到表格下

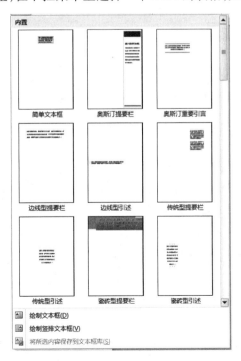

图 4-41　"文本框"下拉菜单　　　　图 4-42　"表格"下拉菜单

端,选中表格和文字,将所选内容分3栏。将表格等比例缩放至占最左侧一栏,设置文字字体为"小四""宋体",首行缩进为"2字符""1.5倍行距",在第3栏末尾插入一个"圆角矩形"的自选图形,调整至适当大小,并添加文字。这样整个页面的总体外观布局就设置好了。

第3步　插入艺术字。

①选中图片"天佑楼.jpg",设置图片自动换行格式为"四周环绕型",单击"绘图工具格式"选项卡→"排列"组,单击"下移一层"下拉按钮,在下拉菜单中选择"置于底层"选项,这样图片"天佑楼.jpg"就可以一直置于该位置的最底端。插入图片"学院标志.jpg",设置图片格式为"四周环绕型",拖动图片"学院标志.jpg"至图片"天佑楼.jpg"左侧并等比例缩放至合适大小。单击"调整"组→"颜色"下拉按钮,在下拉菜单中选择"设置为透明色"就可以露出底色。

②单击"插入"选项卡→"文本"组→"艺术字"下拉按钮,在下拉菜单中选择第3行第4列艺术字样式,如图4-43所示,并在插入的文本框中输入"昆明铁道职业技术学院",设置字体为"微软雅黑",字号为"48",文字效果为"正V形",将艺术字文本框拖至图片"天佑楼.jpg"的中间,设置图片的"对齐"方式为"左右居中"。

第4步　表格内插入图片和文字。

①选中表格,打开"表格工具布局"选项卡→"对齐方式"组,单击"水平居中"选项。单击第一个单元格,插入图片"铁道机车系.jpg",设置图片高度为"3.4厘米",宽度为"6.03厘米"。

②依次在第1列其他3个单元格内插入对应图片,设置3张图片的大小和图片"铁道机车系.jpg"大小一致。

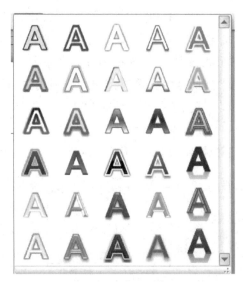

图4-43　艺术字样式

### 知识链接

有时候表格较大跨页出现断头,选择"表格工具→布局""数据"组,直接单击"重复标题行"即可轻松搞定。但是有时候操作了,标题还是不出现,这时因为表格属性出现了问题,遇到标题不出现的情况时,可以选择"表格工具布局"→"表"组→"属性"选项,打开"表格属性"对话框,"文字环绕"中的"环绕"被选中了,这时选择"无",确定之后再进行操作就可以解决了。

有时会发现表格上的文字只显示一半,这时单击"表格工具布局"→"表"组→"属性"选项,打开"表格属性"对话框,选择"行"选项卡,把"行高值是"改为"最小值"。

有时候在表格里插入图片,显示不全,首先单击单元格,选择"开始"→"段落"组→"扩展功能"选项,打开"段落"对话框,将"缩进和间距"选项卡中的"行距"改为单倍行距即可。

第5步　添加自选图形。

①单击"插入"选项卡→"插图"组→"形状"下拉按钮,在下拉菜单中选择"流程图:终止",在页面上画出大小合适的形状,选择"绘图工具格式"→"形状样式"组,单击"样式"下拉按钮,在下拉列表中选择"第5行第3列"样式。

②右击该自选图形,在打开的快捷菜单中选择"添加文字"选项,图形中出现闪烁的光标,输入"学院简介"即可,将图形拖动到合适位置,并设置对齐方式为"左右居中"。复制该图形,粘贴两次,分别拖动到第2栏相应位置处,设置图形的自动换行格式为"嵌入型",并修改图形内文字。

③单击第2列第1个单元格,插入自选图形"流程图:终止",等比例缩放至合适大小,单击"绘图工具格式"选项卡,设置图片位为"嵌入型"即可将图形嵌入表格内。在自选图形内添加"铁道机车车辆系"文字,并将相应文字复制到表格内。同样的方法设置余下3个单元格内的文字及自选图形。

④选中表格,单击"格式工具设计"选项卡→"表格样式"组→"边框"下拉按钮,在下拉菜单中选中"无边框"即可将边框线隐藏起来。

⑤选中末尾自选图形,设置该图形的样式同"流程图:终止"自选图形一致,填充色为"粉色",并适当放大字体。

第6步　隐藏段落标记,保存文档效果如图4-44所示。

图4-44　"相约昆铁"效果

# 4.4 长文档排版

## 学习目标

- 掌握样式的创建方法;
- 学会修改样式。

### 4.4.1 【案例7】创建和使用样式——打造自己的样式集

## 案例描述

编写教材的时候经常会用到4种格式:一级标题,二级标题,三级标题,正文。但是每次打开"样式"组,里面已经包含十几种样式,虽然修改格式后能直接使用,但是每次都要通过"修改样式"对话框修改有点麻烦。我们可以创建属于自己的样式集,需要的时候直接使用,非常方便。

## 技术准备

相关软件:Word 文字处理软件。

案例素材:"项目七. docx"。

效果预览:"项目七(效果). pdf"。

## 操作流程

【案例7】打造自己的样式集

第1步 创建标题、正文样式。

①选择"开始"选项卡→"样式"组,单击"扩展功能",打开"样式"对话框,如图4-45所示,单击"创建样式"选项,打开"根据格式设置创建样式"对话框,如图4-46所示,属性"名称"里输入"教材标题1","样式基准"框选择"无样式",设置字体为"红色""小二""宋体""单倍行距",单击"确定"按钮就可以看到在样式集的最前面多了一个"教材标题1"样式。同样的方法创建"教材标题2":设置字体为"蓝色""四号""宋体""首行缩进 2.56 字符""单倍行距";"教材标题3":设置字体为"绿色""五号""宋体""首行缩进 5.97 字符""单倍行距";"教材正文":设置字体为"黑色""五号""宋体""首行缩进 2.56 字符""单倍行距"。

②如果正文下面还有条目需要编号,那么在这里也可以创建编号样式,例如这里可以创建格式为1)、2)、3)的编号样式,其他格式同正文格式一致。经过设置后,样式集里多了刚刚设置的4个样式,它们处于样式集的最全面,如图4-47所示。

第2步 保存样式。

将标题、正文、编号等所有的样式全部设置好以后,就应该将其保存下来。保存方式:单击"开始"选项卡→"样式"组→"更改样式"图标下拉按钮,在下拉菜单中选择"样式集"

→"另存为快速样式集"选项,打开"保存快速样式集"对话框,如图 4-48 所示,在"文件名"文本框中输入"教材主题",单击"保存"按钮即可。

图 4-45　"样式"
对话框

图 4-46　"根据格式设置创建样式"对话框

图 4-47　创建样式

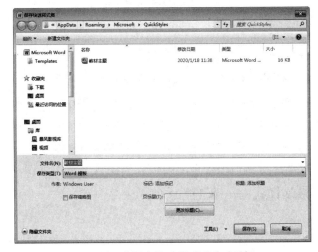

图 4-48　"保存快速样式集"对话框

第3步　使用样式。

打开需要排版的文档“项目七.docx”，在指定位置新建一个副本，打开副本，会发现在“开始”选项卡→“样式”组中没有自己创建的标题、正文、编号等样式，单击“更改样式”图标下拉按钮，在下拉菜单中选择“样式集”，单击“教材主题”就能够看到自己的样式了。选择需要使用样式的地方，直接单击样式需要样式即可完成排版，效果如图4-49所示。

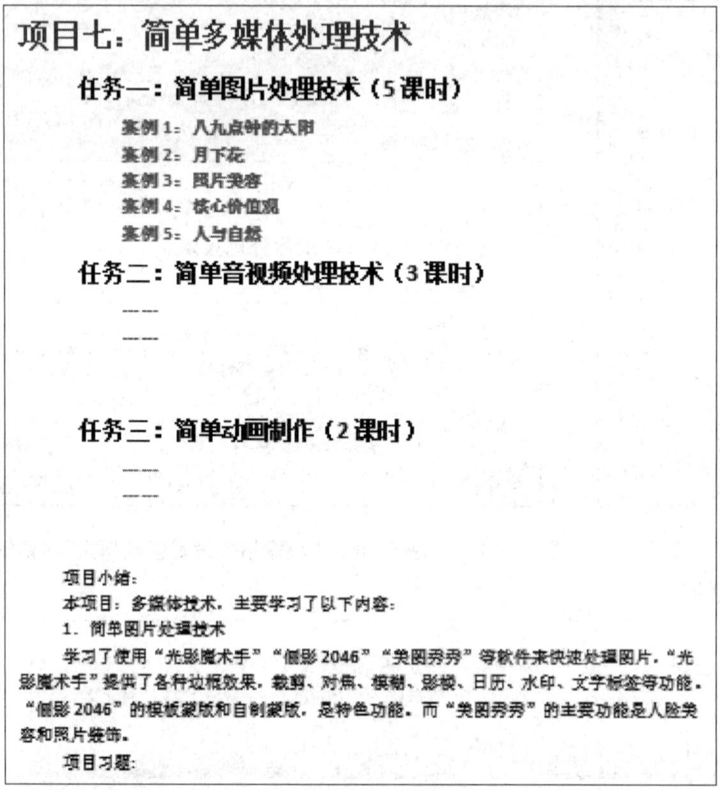
项目七：简单多媒体处理技术

任务一：简单图片处理技术（5课时）

案例1：八九点钟的太阳

案例2：月下花

案例3：照片美容

案例4：核心价值观

案例5：人与自然

任务二：简单音视频处理技术（3课时）

——

——

任务三：简单动画制作（2课时）

——

——

项目小结：

本项目：多媒体技术，主要学习了以下内容：

1. 简单图片处理技术

学习了使用“光影魔术手”“倜影2046”“美图秀秀”等软件来快速处理图片。“光影魔术手”提供了各种边框效果，裁剪、对焦、模糊、影楼、日历、水印、文字标签等功能。“倜影2046”的模板蒙版和自制蒙版，是特色功能。而“美图秀秀”的主要功能是人脸美容和照片装饰。

项目习题：

图4-49　项目七效果图

### 知识链接

样式是指用有意义的名称保存的字体格式和段落格式的集合，文档内容少的时候，利用格式刷、快捷键，直接操作“格式”很快就完成，但是，当Word文档内容多的时候，用“样式”批量处理文档的优势就体现出来了。所以，用户可以把“样式”理解为批量化处理文档的一种方式。这样在编排重复格式时，先创建一个该格式的样式，然后在需要的地方套用这种样式，就无须一次次地对它们进行重复的格式化操作了。

## 4.4.2　【案例8】修改样式——灰色底纹

### 案例描述

创建的样式只是针对那有些特定格式的文档排版，很多时候还需要对某些格式做修

改,如将"项目七(效果).docx"中所有二级标题加上"灰色底纹",那么这个时候可以通过修
改样式来完成。

## 技术准备

相关软件:Word 文字处理软件。

案例素材:"项目七(效果).docx"。

效果预览:"项目七(灰色底纹).pdf"。

## 操作流程

第 1 步　修改样式。

打开素材文档"项目七(效果).docx",在指定位置新建一个副本,命名为"项目七(灰色
底纹)",打开副本,单击"开始"选项卡→"样式"组→"教材标题 2",右击,从弹出的快捷菜
单中选择"修改"命令,打开"修改样式"对话框,单击"格式"直接添加"灰色底纹"即可为所
有的二级标题添加"灰色底纹"。

第 2 步　更新样式。

如果直接在文档中某一个二级标题上做了修改,后来发现还需要更改很多个,这种情
况不需要撤销,直接到"样式集"中的标题 2 样式上面右击,从弹出的快捷菜单中选择"更新
教材标题 2 以匹配所选内容"命令,如图 4-50 所示,所有应用了"教材标题 2"样式的段落
就会立刻更新,如图 4-51 所示。

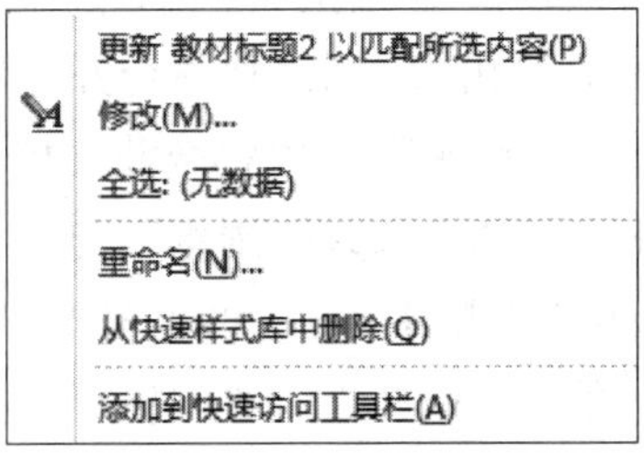

【案例 8】灰色
底纹

图 4-50　更新教材标题 2
以匹配所选内容

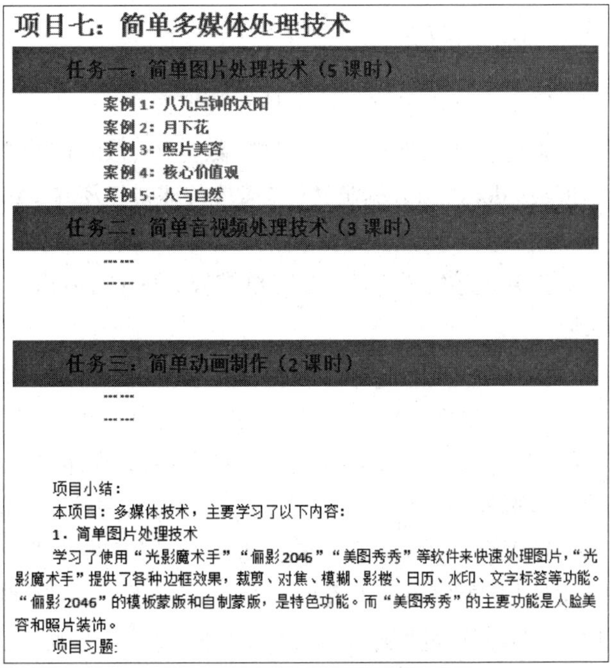

图 4-51　项目七加"灰色底纹"效果

# 4.5 邮件合并

## 学习目标

- 了解邮件合并的概念；
- 了解邮件合并的运用领域；
- 会使用邮件合并向导进行邮件合并。

### 4.5.1 【案例9】批量打印工资单——制作工资单

## 案例描述

在制作工资单时，经常需要重复标题栏，方便打印出来后查看。利用 Word 的邮件合并功能，接合 Excel 中的数据源，可快速批量地制作出符合要求的工资单。

## 技术准备

相关软件：Word 文字处理软件。

案例素材："职员工资单模板.docx""某单位职员工资单.xlsx"。

效果预览："职员工资单（效果）.pdf"。

## 操作流程

【案例9】制作工资单

第1步　准备好主控文档和数据源。

邮件合并三剑客：主控文档、数据源、最终的合并文档。先制作好主控文档"职员工资单模板.docx"和数据源文件"某单位职员工资单.xlsx"。

第2步　调整主控文档格式。

打开主控文档"职工工资单模板.docx"，表格下方插入一个段落标记，用以将不同的记录隔开。

第3步　打开邮件合并分布向导，按步骤进行邮件合并。

单击"邮件"选项卡→"开始邮件合并"组→"开始邮件合并"下拉按钮，在下拉菜单中选择"邮件合并分布向导"选项，如图4-52所示，在文档的右侧出现一个"邮件合并"窗格，第一步选择"目录"（"目录"型文档为所有主控文档的属性为"目录"，可以将合并文档的内容一览无余），单击"下一步"，选择"使用当前文档"，单击"下一步"，选择"浏览"，打开数据源文件"某单位职员工资单.xlsx"，单击"下一步"，在相应的空格中单击，再单击"其他选项"，插入对应的"域"选项，单击"下一步"→"预览目录"，单击"下一步"→"创建新文档"，弹出"合并到新文档"对话框，如图4-53所示，"合并记录"选择"全部"（也可以根据需要填写）。

图4-52  "开始邮件合并"下拉菜单    图4-53  "合并到新文档"对话框

第4步  将文档以"职员工资单(合并)"命名保存文件到指定位置。

### 知 识 链 接

配置了 Outlook 软件的邮件账户,可将对通讯录中的组群发邮件,省去了再次到邮件中的步骤,非常方便。

除了可以用来批量合并生成工资单,邮件合并功能还可以用在其他场合,如制作邀请函、信封、信件、请柬、个人简历、学生成绩单、准考证、明信片等各类,只要有数据源(电子表格、数据库)等。只要是一个标准的二维数表,就可以很方便地按一个记录一页的方式从 Word 中用邮件合并功能打印出来。

## 4.5.2  【案例10】制作录用通知书

### 案例描述

利用 Word 邮件合并功能做成绩在 60 分以上的录取通知书,要求是每人一张。

### 技术准备

相关软件:Word 文字处理软件。

案例素材:"录用通知书模板 . docx""考核成绩 . xlsx"。

效果预览:"录用通知书(效果). pdf"。

### 操作流程

第1步  准备好主控文档和数据源,其中主控文档见案例素材"录用通知书模板 . docx",数据源见案例素材"考核成绩 . xlsx"。

第2步  找到主控文档,建立一个副本,放在指定位置,打开副本进行编辑。单击"邮件"选项卡,单击"开始邮件合并"下拉按钮,在下拉菜单中先选择主文档的类型为"信函",单击"收件人"下拉按钮,在下拉菜单里选择"使用现有列表",选择数据源文件,接着选择 Sheet1。

第3步  在主控文档中插入数据,分别单击需要插入数据的空白处,单击"插入合并域",选择相应字段。

【案例 10】制作
录用通知书

第 4 步　执行筛选。单击“编辑收件人列表”，弹出“邮件合并收件人”，单击图中的“筛选”，打开“排序和筛选”对话框，在“域”文本框中选择“考核成绩”，在“比较关系”文本框中选择“大于或等于”，在“比较对象”文本框中选择“60”，单击“确定”按钮。

第 5 步　单击“预览”，看结果是否符合预期。发现关于日期的显示不是我们想要的，这时候取消预览模式，单击一下报到时间，我们会发现它的背景色会变为灰色，右击，从弹出的快捷菜单中选择“切换域代码”，可以看到代码的真实面目，如图 4-54 所示，并添加如图 4-55 所示代码，按下【Shift + F9】组合键，再次预览，日期显示正常。

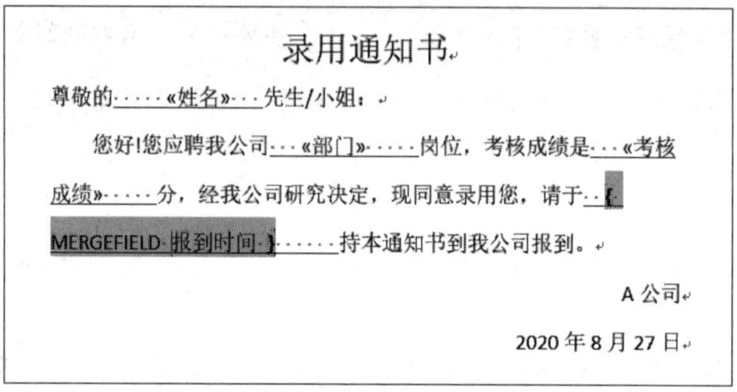
录用通知书

尊敬的«姓名»先生/小姐：

您好!您应聘我公司«部门»岗位，考核成绩是«考核成绩»分，经我公司研究决定，现同意录用您，请于{ MERGEFIELD 报到时间 }持本通知书到我公司报到。

A 公司

2020 年 8 月 27 日

**图 4-54　原代码**

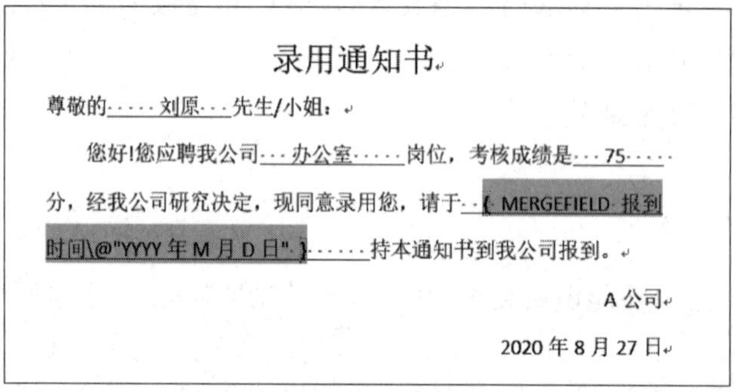
录用通知书

尊敬的刘原先生/小姐：

您好!您应聘我公司办公室岗位，考核成绩是 75 分，经我公司研究决定，现同意录用您，请于{ MERGEFIELD 报到时间\@"YYYY 年 M 月 D 日" }持本通知书到我公司报到。

A 公司

2020 年 8 月 27 日

**图 4-55　添加代码**

第 6 步　完成合并。单击“完成并合并”下拉按钮，在下拉菜单中选择“编辑单个文档”打开“合并到新文档”对话框，合并记录选择“全部”，单击“确定”按钮就可以批量生成满足条件的为录用通知书。

第 7 步　将合并后的文档以“录用通知书（合并）”命名，保存到指定位置。

## 知识链接

域就是引导 Word 在文档中自动插入文字、图形、页码或其他信息的一组代码。每个域都有一个唯一的名字，它具有的功能与 Excel 中的函数非常相似。下面以 Seq 和 Date 域为例，说明有关域的一些基本概念。形如“{Seq Identifier [Bookmark] [Switches]}”的关系式，在 Word 中称为“域代码”。它是由：域特征字符：即包含域代码的大括号“{}”，不过它不能使用键盘直接输入，而是按下【Ctrl + F9】组合键输入的域特征字符。域名称：上式中的

"Seq"即被称为"Seq 域",域指令和开关:设定域工作的指令或开关。例如上式中的"Identifier"和"Bookmark",前者是为要编号的一系列项目指定的名称,后者可以加入书签来引用文档中其他位置的项目。"Switches"称为可选的开关,域通常有一个或多个可选的开关,开关与开关之间使用空格进行分隔。域结果:即是域的显示结果,类似于 Excel 函数运算以后得到的值。例如在文档中输入域代码" ⎰ Date \ @ " yyyy 年 m 月 d 日 " \ * MergeFFormat ⎱ "的域结果是当前系统日期。

域可以在无需人工干预的条件下自动完成任务,例如编排文档页码并统计总页数;按不同格式插入日期和时间并更新;通过链接与引用在活动文档中插入其他文档;自动编制目录、关键词索引、图表目录;实现邮件的自动合并与打印;创建标准格式分数、为汉字加注拼音等。

## 4.6 打印文档

### 学习目标

- 掌握双面打印文档;
- 掌握将默认的 A4 文档打印到不同纸张上;
- 掌握将多页打印到同一纸张上;
- 学会打印书籍小册子;
- 学会制作并模板保存。

### 4.6.1 【案例11】打印文档——多方法打印文档

### 案例描述

打开文档"毕业设计排版(效果).docx",按以下要求进行打印:

①双面打印一份。

②将封面打印在 A3 纸上,其余页面,每张纸上打印 4 页,都打印在 A3 纸上。

③打印书籍小册子。

### 技术准备

相关软件:Word 文字处理软件。

案例素材:"毕业设计排版(效果).docx"。

效果预览:无。

### 操作流程

第 1 步　双面打印。

①打开"毕业设计排版(效果).docx",在指定位置新建一个副本,打开副本,选择"文

【案例 11】多方法打印文档

件"→"打印"命令,在中间的列表框中单击"单面打印"下拉按钮,在下拉菜单中选择"手动双面打印"选项,单击"打印"按钮,此时打印机先打印一面,随后出现提示"请将出纸器中已打印好一面的纸取出放回到送纸器中,然后按下'确定',继续打印",如图4-56所示,此时需要将纸张拿出调整顺序,翻面后放回送纸器中,按下"确定"即可打印另一面。

图4-56 打印提示对话框

②如果是选择奇偶页方式打印,则选择中间的列表框中单击"打印所有页"下拉按钮,在下拉菜单中选择"仅打印奇数页"选项,单击"打印"按钮,奇数页打印完成后,取出纸张,调整顺序翻面后放入送纸器中,利用上述方法选择"仅打印偶数页"接着打印偶数页,即可实现双面打印。

第2步 封面A3纸打印,除封面外,每张纸上打印4页,都打印在A3纸上。

①打开"毕业设计排版(效果).docx",选择"文件"→"打印"命令,在页数文本框中输入数字"1",在列表框的最末端选择"每版打印1页",单击下拉按钮,在下拉菜单中选择"缩放至纸张大小"选项,在子菜单中选择"A3"选项,如图4-57所示,单击"打印"按钮即可完成A3文档的打印。

图4-57 "缩放至纸张大小"下拉菜单

②同理,在打印窗口上,"页数"文本框中输入"2-14",纸张选择"A3",在列表框的最末端选择"每版打印 1 页",单击下拉按钮,在下拉菜单中选择"每版打印 4 页"选项,单击"打印"按钮即可完成打印任务。

第 3 步　做成小册子。

①打开"毕业设计排版(效果). docx",选择"页面布局"→"页面设置"组→"扩张功能"选项,打开"页面设置"对话框,如图 4-58 所示,"多页"框中选择"书籍折页"选项,"纸张方向"设为"横向"。切换到"纸张"选项卡,"纸张大小"选择"A3"(如果是准备制作32 开的小册子,那么应该选择"16 开",如果是准备制作 A5 的小册子,那么应该选择"A4",依次类推)。

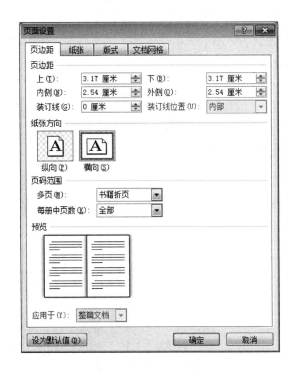

图 4-58　"页面设置"对话框

②如果打印机附带双面打印模块,那么直接打印就是了。如果打印机并没有附带双面打印单元,那么需要按照双面打印文档的操作即可。

## 4.6.2 【案例12】制作常用模板——打印姓名台签

**案例描述**

在举行会议前,通常会有工作人员将与会者的姓名做成台签,放在与会者需要就坐的位置,方便与会者寻找自己的位置。通常,台签的两面都会打上与会者姓名,现在简单介绍一下台签的制作和打印方法,并将其保存为模板,随时备用。

## 技术准备

相关软件:Word 文字处理软件。

案例素材:无。

效果预览:"打印姓名台签(效果). pdf"。

## 操作流程

【案例12】打印姓名台签

第1步 新建个人模板。

在指定位置新建一个 Word 文档,选择"文件"选项卡→"新建"命令→"我的模板"选项,打开"新建"个人模板对话框,如图 4-59 所示,选择"文档"单选按钮,单击"确定"按钮即可进入模板文档编辑模式,在空白处插入一个"2 列 9 行"的表格,在第 1 列中输入 9 个姓名,将第 1 列中的姓名复制到第 2 列中。

第2步 设置文字方向。

选中第 1 列文字,右击,在弹出的快捷菜单中选择"文字方向"选项,打开"文字方向-表格单元格"对话框,如图 4-60 所示,在"方向"中选择第 2 行第 3 个样式,单击"确定"按钮即可完成文字方向设置。同样设置第 2 列文字的"方向"为第 2 行第 1 个样式。

图 4-59 "新建"对话框

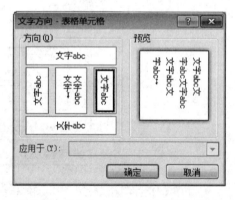

图 4-60 "文字方向-表格单元格"对话框

第3步 设置单元格对齐方式和单元格大小。

全选表格,单击"表格工具布局"选项卡→"对齐方式"组→"中部居中"图标,在"单元格大小"组中表格"高度"文本框中输入"12 厘米",表格"宽度"文本框中输入"8 厘米"。

等4步 调整字体大小。

单击"开始"→"字体"组上"增大字体"图标,增大字体至合适大小,其中"关谷神奇"出现换行情况,单独对其字体间距设置紧缩即可,如图 4-61 所示。

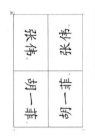   

**图 4-61　与会人员的姓名台签**

第 5 步　打印文档。

设置完成后选择"文件"→"打印"选项,单击"打印"按钮,打印出来的台签从中间折叠一下即可使用,非常方便。

第 6 步　将其以"姓名台签"命名保存为模板,以后使用直接在"我的模板"中打开即可。

 **小结**

本单元学习了 Word 2010 的综合应用,以案例驱动进行教学,将知识点融入案例操作实施中,通过完成教学任务,可以使学生掌握 Word 2010 的一些操作技巧,学会使用 Word 2010 进行文本的快速录入和编辑,在文本中插入不同对象实现图文混排,会使用样式对长文档进行排版,在长文档中添加目录、页眉和页脚,会使用邮件合并功能批量制作文档,会将文档按不同的要求进行打印等操作。

 **习题**

**一、单选题**

1. 中文 Word 2010 编辑软件的运行环境是(　　　)。

　A. DOS　　　　　　B. UCDOS　　　　　C. WPS　　　　　　D. Windows

2. 关闭 Word 2010 编辑的文档时,既将文档从屏幕上清除,同时也从(　　　)中清除。

　　A. 内存　　　　　B. 外存　　　　　　C. 磁盘　　　　　　D. 打印机

3. 删除一个段落标记后,前后两段文字将合并成一个段落,原段落内容所采用的编排格式是(　　　)。

　　A. 删除前的段落标记确定的格式　　B. 格式没有变化

　　C. 后一段落的格式　　　　　　　　D. 与后一段落格式无关

4. 选择一个句子的操作是移动光标到待选句子任意处,然后按住(　　　)键并单击。

　　A. Alt　　　　　　B. Ctrl　　　　　　C. Shift　　　　　　D. Tab

5. 若将选定的文本复制到目的地,可以按住( )键,在目的地处右击。

    A. Ctrl             B. Shift           C. Alt                D. Ctrl + Shift

6. 将字符串"Excel"替换为"Excel",只有当选定( )时才能实现。

    A. 区分大小写    B. 区分全半角      C. 全字匹配         D. 模式匹配

7. 下列关于文档分页的叙述,错误的是( )。

    A. 分页符也能打印出来

    B. Word 2010 文档可以自动分页,也可人工分页

    C. 将插入点置于硬分页符上,按【Delete】键便可将其删除

    D. 分页符标志前一页的结束及一个新页的开始

8. Word 2010 具有分栏功能,下列关于分栏的说法中正确的是( )。

    A. 最多可以分 4 栏                    B. 各栏的宽度必须相同

    C. 各栏的宽度可以不同                D. 各栏之间的间距是固定的

9. 文本框可用于将文本或图形置于文档的特定位置,文本框可以被移到( )中任意位置。

    A. 句                B. 行                C. 段落                D. 页

10. 在 Word 2010 编辑状态下,将插入点定位于一张 3×4 表格中的某个单元格内,选择"选择"下拉菜单中的"选定列"命令,再选择"选择"下拉菜单中的"选定行"命令,则表格中被选中的部分是( )。

    A. 一个单元格    B. 整张表格        C. 插入点所在的列    D. 插入点所在的行

11. 下列操作中,( )不能退出 Word 环境。

    A. 选择"文件"→"关闭"命令

    B. 选择"文件"→"退出"命令

    C. 按【Alt + F4】组合键

    D. 双击标题栏最左边的"W"符号

12. 在 Word 2010 表格中,下列快捷键的描述不正确的是( )。

    A.【Shift + Tab】将插入点移到上一个单元格

    B.【Alt + Home】将插入点移到当前行的第一个单元格

    C.【Alt + PgUp】将插入点移到当前列的顶单元格

    D.【Alt + PgDn】插入点移到当前行的最后单元

13. 对于在文档中用 Word 2010 图形编辑器直接绘制的图形,不能进行的操作是( )。

    A. 剪裁操作    B. 移动和复制        C. 放大和缩小        D. 删除

14. 当一页已满,而继续输入文本时,Word 将插入( )。

    A. 硬分页符    B. 硬分节符        C. 软分页符             D. 软分节符

15. 当插入点在表格的最后一行最后一个单元时,按【Enter】键( )。

    A. 会产生一新行

    B. 将插入点移到新产生行的第一个单元格内

C. 将插入点向左移动

D. 使该单元格的高度增加

16. 要删除分节符,可将插入点置于分节线上,然后按(    )键。

    A. Esc        B. Tab        C. Enter        D. Delete

17. 中文 Word 2010 是(    )。

    A. 文字编辑软件        B. 系统软件

    C. 硬件        D. 操作系统

18. 在使用 Word 2010 进行文字进行编辑时,下面叙述中(    )是错误的。

    A. Word 2010 可将正在编辑的文档另存为一个纯文本(.txt)文件

    B. 使用"文件"菜单中的"打开"命令可以打开一个已存在的 Word 文档

    C. 打印预览时,打印机必须是已经开启的

    D. Word 2010 允许同时打开多个文档

19. 能显示页眉和页脚的方式是(    )。

    A. 普通视图    B. 页面视图    C. 大纲视图    D. 全屏幕视图

20. 在 Word 2010 中,可以通过(    )功能区中的"翻译"对文档内容翻译成其他语言。

    A. 开始    B. 页面布局    C. 引用    D. 审阅

21. Word 2010 中,默认保存后的文档格式扩展名为(    )。

    A. *.dos    B. *.docx    C. *.html    D. *.txt

22. 在 Word 2010 编辑状态,"制表位"所对应的符号在(    )为"制表符"。

    A. 水平标尺上    B. 垂直标尺上    C. 水平和垂直标尺    D. 文本区上

23. 打印页码 2-5,10,12 表示打印的是(    )。

    A. 第 2 页,第 5 页,第 10 页,第 12 页

    B. 第 2 至 5 页,第 10 至 12 页

    C. 第 2 至 5 页,第 10 页,第 12 页

    D. 第 2 页,第 5 页,第 10 至 12 页

24. 在 Word 2010 中,模式匹配查找中能使用的通配符是(    )。

    A. +和−    B. *和.    C. *和?    D. /和*

**二、判断题**

1. 在 Word 2010 中,当按住垂直浏览滑块进行拖动时,会在文档窗口中显示相应的页码提示信息,表明将要在屏幕上显示哪一页的内容。(    )

2. 对于中文字号来说,字号越大所表示的字符也越大。(    )

3. 在"段落"对话框中选择"缩进和间距"选项卡,可以完成设置首行缩进的操作。(    )

4. 要查看页眉和页脚,应先切换到页面视图或打印预览方式。(    )

5. 增加缩进量按钮将段落的左边界向右移,以减少段落缩进量。(    )

6. 使用【Delete】按键删除的图片,可以粘贴回来。(    )

7. 在打开的最近文档中,可以把常用文档进行固定而不被后续文档替换。　　（　　）

8. 在 Word 2010 中,不但可以给文本选取各种样式,而且可以更改样式。　　　（　　）

9. "自定义功能区"和"自定义快速工具栏"中其他工具的添加,可以通过"文件"→"选项"→"Word 选项"进行设置。　　　　　　　　　　　　　　　　　　　　　　　（　　）

10. 在 Word 2010 中,脚注只能每页重新编码,不能连续编码。　　　　　　（　　）

### 三、填空题

1. Word 2010 具有页面、_____、大纲、Web 版式、阅读板式五种视图方式。

2. 将当前正在编辑的 Word 文档以文本格式存盘,应选择"文件"菜单下的_____命令。

3. 在 Word 2010 文档编辑中,除在建立页眉、页脚时可插入页码外,还可以使用_____菜单中的"页码"命令在文档中插入页码。

4. 在 Word 2010 中,要调整文档段落之间的距离,应使用_____对话框中的"缩进和间距"选项卡。

5. 在 Word 2010 中,默认的文字的录入状态是_____。

6. _____用于为文档的文本提供解释、批注及相关的参考资料。

7. Word 2010 中,只有在_____视图和_____方式下,才能查看分栏板式的效果,在其他视图方式下,即使设置了分栏格式,也只能显示文本录入时的状态。

8. 对于 Word 2010 用户来说,背景和水印的添加能使编辑的文档起到画龙点睛的作用。但是,_____无法打印,_____是可以打印输出的。

9. Word 2010 提供了 3 种字母间距的选择:_____、_____和_____,系统默认采用_____的格式。

10. 在 Word 2010 中的邮件合并,除需要主文档外,还需要已制作好的_____支持。

11. 在 Word 2010 中,进行各种文本、图形、公式、批注等搜索可以通过_____来实现。

12. 在 Word 2010 中,利用工具栏中的_____按钮,可以复制文档的格式信息。

### 四、讨论

请同学们列举一些让你觉得很实用的 Word 技巧。

# 单元 5

# Excel综合应用

　　Microsoft Office Excel 是常用、方便、功能强大的电子表格处理软件,它是微软公司出品的 Office 系列办公软件中的一个组件,是个二维电子表格软件,能以快捷方便的方式建立报表、图表和数据库。为用户在日常办公中从事一般的数据统计和分析提供了一个简易快捷的平台。目前,该软件广泛应用于金融、财务、企业管理和行政管理等各领域。

　　从 1985 年的第一个版本 Excel 1.0 到现在的版本,Excel 的功能越来越丰富,操作也越来越简便,本书将以目前广泛使用的 Excel 2010 为基础进行介绍。

## 学习目标

- 认识 Excel 的工作界面及特点;
- 创建和编辑电子表格;
- 掌握各种函数和公式的计算;
- 进行数据的复杂运算、分析和预测;
- 应用排版打印各种统计报表和统计图。

## 5.1 简单的布局与编辑

### 学习目标

- 熟练掌握启动与退出 Excel 2010 以及工作簿的建立与保存;
- 认识 Excel 的工作界面,会编辑工作表和单元格;
- 熟练掌握输入与编辑不同类型的数据,并掌握自动填充功能,数据有效性的设置;
- 会设置单元格格式,美化表格数据。

我们先认识工作簿、工作表和单元格。

工作簿：Excel 工作簿是用来处理和存储数据的文件，类似于 Word 2010 的文档。一个 Excel 文档就是一个工作簿，工作簿名就是文件名，工作簿文件的扩展名是 .xlsx，启动 Excel 后，系统会自动打开一个新的空白工作簿，Excel 自动为其命名为"Book1"，工作簿是由若干（1～255）张工作表组成，即工作表是构成工作簿文件的基本单位。Excel 2010 的工作簿文件默认由 3 张工作表组成，分别是 Sheet1、Sheet2 和 Sheet3，分别显示在工作表标签中，可以通过选择"文件"→"选项"命令，在"常规"选项中来更改默认的工作表个数。

工作表：工作表是工作簿的重要组成部分。它是 Excel 进行组织和管理数据的地方，用户可以在工作表上输入数据、编辑数据、设置数据格式、排序数据和筛选数据等。尽管一个工作簿文件可以包含许多工作表，但在同一时刻，用户只能在一张工作表上进行工作，这意味着只有一个工作表处于活动的状态。通常把该工作表称为活动工作表或当前工作表，其工作表标签以反白显示，名称下方有单下画线。一个工作表由 65 536 行和 256 列组成，故最多可有 65 536×256 个单元格。

单元格：列和行交叉形成的每个网格又称为一个单元格。每一列的列标由 A、B、C…表示，每一行的行号由 1，2，3…表示，每个单元格的位置由交叉的列、行名表示。例如，在列 B 和行 5 处交点的单元格可表示为 B5。每个工作表中只有一个单元格为当前工作的单元格，称为活动单元格，屏幕上带粗线黑框的单元格就是活动单元格，此时可以在该单元格中输入和编辑数据。在活动单元格的右下角有一个小黑方块，称为填充柄，利用此填充柄可以填充某个单元格区域的内容。

### 5.1.1 【案例1】快速录入数据——创建班级学生档案信息表

**案例描述**

请使用 Excel 电子表格软件，创建某班级的学生档案信息表，学生信息一般包括学生的学号、姓名、性别、身份证号、户籍性质、民族、出生年月和联系电话等信息，使用 Excel 制作表格，可以利用自动填充功能、数据有效性等技巧使得数据输入速度提高又能防止输入错误。

特别说明：本书案例数据均为虚拟。

**技术准备**

相关软件：Excel 电子表格。

效果预览："班级学生档案信息表 . png"。

**操作流程**

【案例1】创建班级学生档案信息表

第 1 步　启动 Excel 2010，新建一个工作簿，并保存在 E 盘的个人文件夹内，文件名为"班级学生档案信息表 . xlsx"。

从"开始"菜单中启动 Excel 2010 或者通过快捷图标启动 Excel，自动创建了一个工作

簿文件,其工作界面如图 5-1 所示,单击"保存"按钮,将文件以"班级学生档案信息表
. xlsx"为文件名存储在文件夹中。

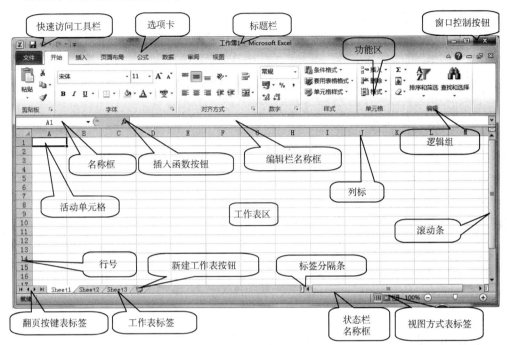

图 5-1 Excel 的工作界面

### 知识链接

Excel 的窗口和 Word 的窗口相似,不同的选项卡对应不同的功能区,功能区命令按逻辑组的形式组织,为了使屏幕更为整洁,可以使用窗口右上角控制按钮下的 按钮打开/关闭功能区,Excel 窗口的工作表区是由单元格组成,编辑栏是 Excel 特有的。

编辑栏:用来显示活动单元格中的常数、公式或文本内容等。可在编辑栏中输入、删除或修改单元格的内容。编辑栏位于工作簿窗口上方,由名称框、工具按钮和编辑框 3 部分组成。当某个单元格被选定时,其地址(例如 A1)就会出现在名称框中,名称框是用于显示(或定义)活动单元格或区域的地址(或名称)。单击名称框旁边的下拉按钮可弹出一个下拉列表,列出所有已自定义的名称。此后用户输入的数据,将同时显示在该单元格与编辑框中。

第 2 步 按图 5-2 所示,将学生的信息进行录入,操作如下。

| | A | B | C | D | E | F | G | H | I | J | K | L | M |
|---|---|---|---|---|---|---|---|---|---|---|---|---|---|
| 1 | 班级学生档案信息表 | | | | | | | | | | | | |
| 2 | 学号 | 姓名 | 性别 | 身份证号 | 户籍性质 | 民族 | 出生年月 | 联系电话 | | | | | |
| 3 | K18260201 | 孙凡 | 男 | 530181199810240000 | 城市 | 汉族 | 1998/10/24 | 15887000531 | | | | | |
| 4 | K18260202 | 陈蓉 | 女 | 530111199711174001 | 城市 | 汉族 | 1997/11/17 | 15969409625 | | | | | |
| 5 | K18260203 | 邓雪敏 | 女 | 53032620000301496X | 农村 | 汉族 | 2000/3/1 | 15912584518 | | | | | |
| 6 | K18260204 | 马俊涛 | 男 | 530112199810270002 | 城市 | 回族 | 1998/10/27 | 15559844028 | | | | | |
| 7 | K18260205 | 邢航明 | 男 | 530125199903211764 | 县镇非农 | 汉族 | 1999/3/21 | 13354657970 | | | | | |
| 8 | K18260206 | 杨艳 | 女 | 510681199806173000 | 农村 | 汉族 | 1998/6/17 | 18787455435 | | | | | |
| 9 | K18260207 | 阎海燕 | 女 | 530121199812150913 | 城市 | 汉族 | 1998/12/15 | 13759145470 | | | | | |
| 10 | K18260208 | 田志成 | 男 | 530125199901130426 | 县镇非农 | 彝族 | 1999/1/13 | 18787116139 | | | | | |
| 11 | K18260209 | 张晓雅 | 女 | 530181199810050419 | 城市 | 汉族 | 1998/10/5 | 18787731897 | | | | | |
| 12 | K18260210 | 赵祥 | 男 | 530129199909131518 | 农村 | 汉族 | 1999/9/13 | 13876548899 | | | | | |

图 5-2 学生信息表

①选中 A1 单元格,输入标题"班级学生档案信息表",输入完毕后按【Enter】键。

②依次在 A2～H2 中输入表格的字段名称:"学号、姓名、性别、身份证号、户籍性质、民族、出生年月、联系电话"等。

③选中 A3 单元格,在 A3 单元格中输入"K18260201"。将鼠标指针指向 A3 单元格右下角的填充柄上,鼠标指针由空心十字变成实心十字时,按住鼠标左键向下拖动填充柄,则从单元格 A3～A12 自动填充学号"K18260202～K18260210",如图 5-3 所示。

图 5-3　自动填充学号

### 知 识 链 接

填充功能是通过填充柄或"序列"对话框来实现的,选中的单元格右下角黑色"+"号就是填充柄;打开"序列"对话框的方法是:选择"开始"→"编辑"→"填充"→"系列"命令即可。系统提供了一些常用的序列(如星期一,星期二…),进行填充时,只需在准备输入序列的单元格区域的第 1 个单元格中输入第 1 个数据,然后通过自动填充功能来完成该序列的其他数据的输入。

如果一行或一列的数据为 Excel 定义的数值序列(如 1,2,3…),则只要输入前几项,然后拖动填充柄到结束单元格,Excel 会自动判断其增量,从而完成填充操作。

如果连续的多个单元格需要输入相同的数据,也可以使用填充范围的方法。在一个工作表中,首先在其中一个单元格输入内容,然后选中该单元格,拖动填充柄,拖动到要结束这列相同数据输入时停止即可。不仅可以向下拖动得到相同的一列数据,向右拖动填充也可以得到相同的一行数据。如果选择的是多行多列,同时向右或者向下拖动,则会同时得到多行多列的相同数据。

④在 B 列中输入"姓名"列的内容。

⑤在 C 列输入"性别"的内容,选中 C3 单元格,输入"男",选中 C4 单元格,输入"女",其他单元格右击后,从弹出的快捷菜单中选择"从下拉列表中选择…"命令,选中相应的性别填入。或者可先选中 C3 单元格,然后按住【Ctrl】键,依次选中 C6、C7、C10、C12 单元格,在最后的单元格 C12 中输入"男",按【Ctrl + Enter】组合键确认,则所有选中的单元格均输入"男"。依照此方法可输入性别是"女"的数据。

⑥在 D 列输入"身份证号"的内容,选中 D3 单元格,先输入一个英文的单引号"'",或者将其格式设置为文本格式,再输入对应的身份证号,按【Enter】键确认即可。因"身份证号"所在列的宽度不够,故需调整列的宽度,将鼠标指针移动到要调整宽度的列的右边框,当鼠标指针变成  形状,按下鼠标左键并拖动就可以改变列宽,随着鼠标的移动,有一条虚线指示,此时释放鼠标左键时,即列的右框线的位置,指针的右上角也显示出此时的列宽。

依照此方法可调整行高。

## 知识链接

数值数据有几种形式输入:整数形式(例如 1 000),小数形式(例如 1.23),分数形式(例如 1/2,等于 0.5),百分数形式(例如 10%,等于 0.1),科学记数形式(例如 1.5E4,等于 15 000)。

身份证号由 18 个数字构成,在 Excel 中默认为数值型数据,而且超过 11 位将以科学计数法形式显示,为了使其数据完整显示,要将其设置为文本格式,设置为文本的单元格左上角会显示绿色三角标记。

⑦在 E 列输入"户籍性质"的内容,应用数据有效性设置,强制从指定的下拉列表中选择输入的数据。单击"户籍性质"列第 1 个要输入的单元格 E3,选择"数据"→"数据工具"→"数据有效性"命令,在弹出的"数据有效性"对话框中,选择"设置"选项卡,在"允许"下拉列表中选择"序列"选项,在"来源"文本框中输入各个名称:"城市,农村,县镇非农",各名称之间用英文半角的逗号隔开,单击"确定"按钮。在"数据有效性"对话框中,选择"输入信息"选项卡,在"标题"文本框中输入"户籍性质",在"输入信息"文本框中输入"请从下拉列表中选择输入户籍性质",如图 5-4 所示。

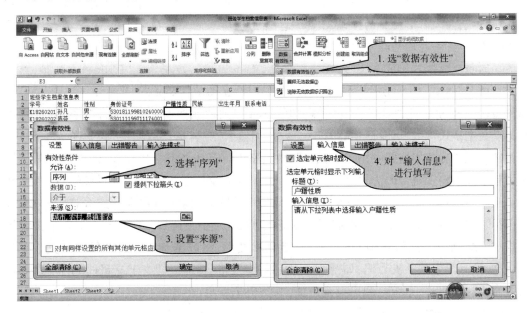

**图 5-4　对"户籍性质"的设置**

选中 E3 单元格,拖动填充柄,将数据有效性设置复制到其他单元格,然后选择相应的户籍性质填入,如图 5-5 所示。

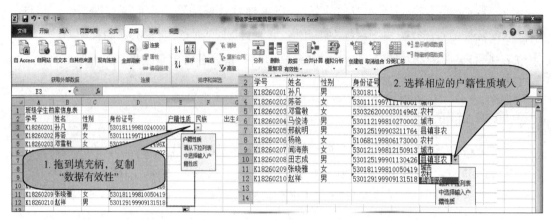

图 5-5　填入"户籍性质"

⑧在 F 列输入"民族"的内容,大部分是"汉族",可以采用数据填充,将个别的少数民族进行更改。

⑨在 G 列输入"出生年月"的内容,年月日之间用"-"或者"/"隔开,或者将这列的单元格格式设置为"日期格式"。

### 知识链接

默认的日期和时间符号是用斜线(/)和连字符(-)作为日期分隔符,冒号(:)用作时间分隔符,当单元格中输入了系统可识别的日期型数据时,单元格的格式会自动转换成相应的日期格式,并采取右对齐的方式,当系统不能识别输入的日期型数据时,则输入的内容将自动视为文本,并在单元格中左对齐。

日期和分数输入的区别,如果要输入分数,例如"3/8",应先输入"0"和一个空格,然后输入"3/8"。否则,Excel 会把该数据作为日期处理,认为输入的是"3 月 8 日"。

⑩在 H 列输入"联系电话"的内容,"联系电话"列的数据也是由数字字符构成的,为了使其以文本格式输入,可参照"身份证号"数据的输入方法进行,或使用"设置单元格格式"将其格式设置为文本格式。由于手机号码位数是 11 位,为了防止输错位数,在输入号码前先用有效性限定手机号码为 11 位。先选中 H3 单元格,再选择"数据"→"数据工具"→"数据有效性"命令,在弹出的"数据有效性"对话框中,选择"设置"选项卡,在"允许"下拉列表中选择"文本长度"选项,在"数据"下拉列表中选择"等于"选项,在"长度"文本框中设置"11",单击"确定"按钮,选中 H3 单元格,拖动填充柄,将数据有效性设置复制到其他单元格,依次输入学生的手机号码,如图 5-6 所示。当输错位数时,即少于或超过 11 位数,如输入"138123456789",系统会弹出报错信息,如图 5-7 所示。

第 3 步　再次单击"保存"按钮,将输入的信息进行保存。

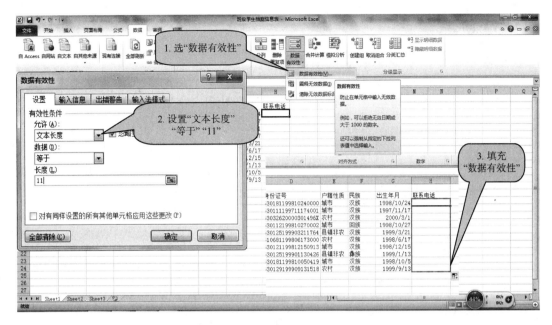

图 5-6　设置"联系电话"

图 5-7　报错信息

### 知识链接

用户在建立、编辑完一个工作簿文件后，通常要将它保存在磁盘上，以便今后继续使用。这里有两种保存方式，一种是针对未命名的工作簿，一种是针对已存在的工作簿。"保存"工作簿的方法与存储 Word 文档相同。

### 5.1.2　【案例 2】快速美化数据——美化班级学生档案信息表

### 案例描述

为了使上一案例中创建的班级学生档案信息表能更清晰、有效、美观地表现数据，通过设置单元格格式、套用单元格样式、套用表格样式及使用条件格式等操作对其进行个性化设置。

## 技术准备

相关软件：Excel 电子表格。

案例素材："班级学生档案信息表．xlsx"。

效果预览："美化班级学生档案信息表-1．png""美化班级学生档案信息表-2．png"。

## 操作流程

【案例2】美化班级学生档案信息表

第1步　打开案例素材中的文件"班级学生档案信息表．xlsx"（即上一案例的效果文件），将文件以"美化班级学生档案信息表．xlsx"为文件名另存在文件夹中。

将工作表Sheet1复制成一张新的工作表，把工作表标签改名为"信息表"，选中"信息表"标签，按住鼠标拖动到新的位置，将"信息表"移动成第1张工作表，操作如图5-8所示。

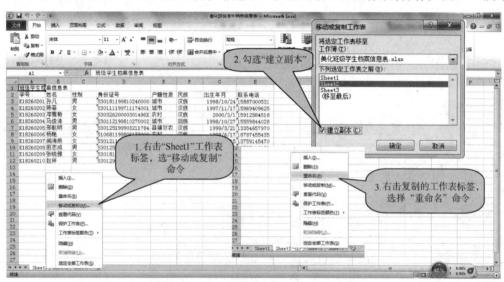

图5-8　编辑工作表

## 知识链接

在同一个工作簿中移动和复制工作表，可通过鼠标直接拖动工作表标签到新位置；或按住【Ctrl】键，拖动选中的工作表标签到新的位置，即可完成复制工作表的操作。若是在不同的工作簿之间移动和复制工作表，则需要通过右击标签，从弹出的快捷菜单选择"移动和复制"命令来实现。

第2步　在"出生年月"的前边插入一列，先选中 G 列，再选择"开始"→"单元格"→"插入"→"插入工作表列"命令，或在空白处右击，在弹出的快捷菜单中选择"插入"命令，并在此列中输入"入学成绩"及数据，操作如图5-9所示；再将"出生年月"一列的数据移到"民族"列的前边，选中 H 列，将鼠标指针移到"出生年月"列的边框处，按住【Shift】键的同时移动该列即可。

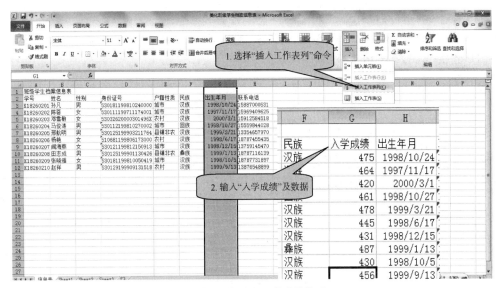

**图 5-9　插入"入学成绩"列**

第 3 步　插入文本框。

①在第 2 行上方插入一行,选中第 2 行或其中的任意单元格,然后选择"开始"→"单元格"→"插入"→"插入工作表行"命令,或在空白处右击,在弹出的快捷菜单中选择"插入"命令。然后在此行的右侧位置插入文本框,选择"插入"→"文本"→"文本框"→"横排文本框"命令,在工作区中拖动鼠标指针画出一个文本框,并输入文字"班主任:李四"。

②选中文本框,在"开始"→"字体"组中设置格式:"12 磅""斜体"。再设置文本框为透明的,选中文本框,在功能区中出现的"绘图工具"选项卡的格式中设置"形状填充"为"无填充颜色","轮廓填充"为"无轮廓",操作如图 5-10 所示。

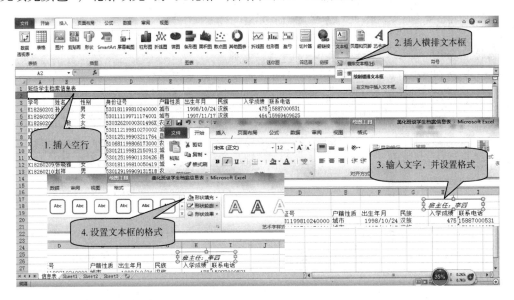

**图 5-10　插入"文本框"**

第4步 设置标题格式。

①选中标题行(第1行),选择"开始"→"单元格"→"格式"→"行高"命令,打开"行高"对话框,设置行高为26,操作如图5-11所示。

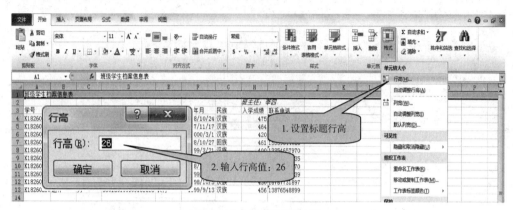

图5-11 设置标题行高

②选中单元格区域A1:I1,在"开始"→"字体"组中设置格式:字体为华文行楷,字号为20,加粗,颜色为白色,设置深蓝色的底纹,并在"开始"→"对齐方式"组中设置为跨列居中,再将文本框移至第2行的右侧位置,操作如图5-12所示。

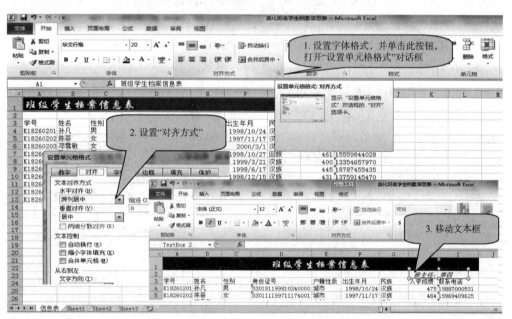

图5-12 设置标题格式

第5步 设置数据的格式。

①选中3~13行,设置行高为16,选中A~I列,选择"开始"→"单元格"→"格式"→"自动调整列宽"命令。

②选中单元格区域A3:I3,设置字体为黑体,字号为12磅,居中对齐,选择"开始"→"样

式"→"单元格样式"命令,套用"强调文字颜色 1"样式,操作如图 5-13 所示。

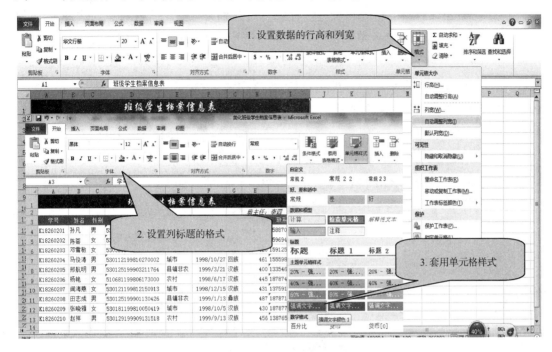

图 5-13　设置列标题的格式

③设置表格的边框,选中单元格区域 A3:I13,选择"开始"→"字体"→"边框"→"其他边框"命令,设置外边框为黑色实线,内边框为蓝色虚线,如图 5-14 所示。

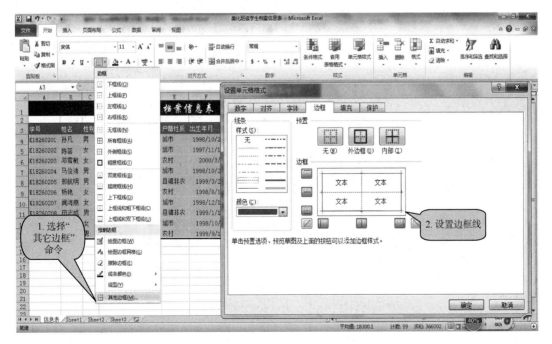

图 5-14　设置表格边框

第6步　使用条件格式表现数据。

①利用"突出显示单元格规则"设置"性别"列,性别为"男"的底纹设置为浅绿色,性别为"女"的格式设置为"浅红色填充深红色文本",选中单元格区域 C4:C13,选择"开始"→"样式"→"条件格式"→"突出显示单元格规则"→"等于"命令,设置性别为"男"的"自定义格式",操作如图5-15所示。设置性别为"女"的格式,方法相同。

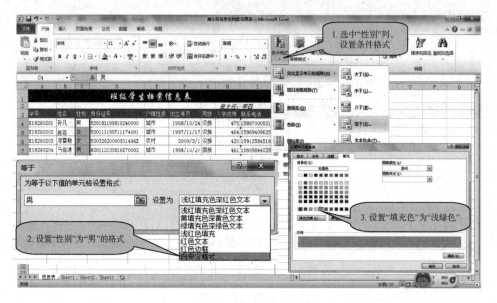

图 5-15　设置"性别"列

②利用"数据条"设置"入学成绩"列,成绩的多少可以用数据列的长短清晰地反映出来,分数越高,数据条越长。选中单元格区域 H4:H13,选择"开始"→"样式"→"条件格式"→"数据条"中"实心填充"组的"橙色数据条"命令,将数据设置为左对齐,如图5-16所示。

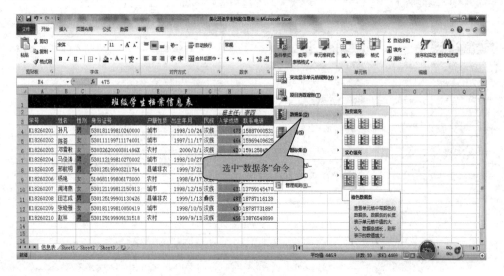

图 5-16　设置"入学成绩"格式

第 7 步　为"田志成"(B11)所在的单元格插入批注"有贫困证明",选中单元格 B11,选择"审阅"→"新建批注"命令,在弹出的文本框中输入"有贫困证明",如图 5-17 所示。

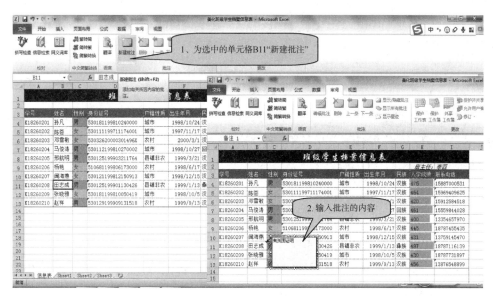

图 5-17　添加批注

### 🔧 知 识 链 接

添加过批注的单元格,右上角有个红色三角标记,默认情况下批注是隐藏的,若要更改批注内容,可选择"审阅"→"编辑批注"命令即可。

第 8 步　将单元格区域 B4:B13 的名称定义为"姓名"。选中单元格区域 B4:B13,在名称框中输入"姓名",按【Enter】键确认即可,或选择"公式"→"定义的名称"→"定义名称"命令,如图 5-18 所示。

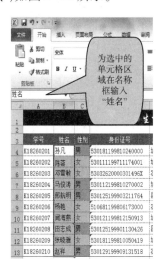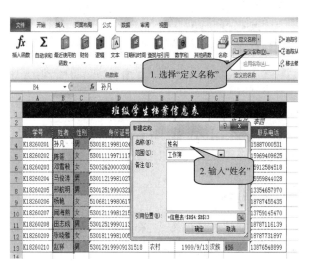

图 5-18　定义名称

第9步　将"信息表"的全部内容复制到工作表 Sheet 2 中,并将"Sheet 2"改名为"信息表2",在"信息表2"中将表格的数据套用"表样式浅色16",先选中数据区域,选择"开始"→"样式"→"套用表格格式"命令,套用样式即可,如图5-19所示。

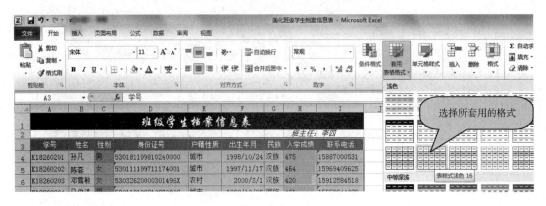

图5-19　套用表格格式

第10步　再为工作表"信息表2"设置一幅背景图,选择"页面布局"→"背景"命令,选取所给素材"银色梦幻.jpg"图片插入即可,如图5-20所示。

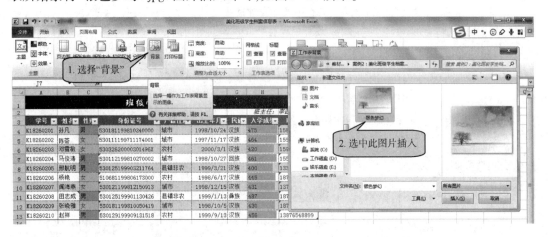

图5-20　设置工作表背景

# 5.2　Excel 公式与函数的应用

## 学习目标

- 掌握单元格地址的概念,会正确引用单元格地址;
- 理解各类运算符,能够熟练运用各类运算符编辑公式;
- 能够正确使用公式计算出结果;

- 了解 Excel 中的常用函数,掌握使用函数计算的一般过程;
- 能够使用函数库中的各类函数计算相应结果。

Excel 提供了各种运算符和函数,结合单元格地址构造公式,系统将按公式自动进行计算。在 Excel 中可通过"公式"选项卡进行计算。公式是对工作表中的数值执行计算的等式,公式以等号(=)开头。Excel 按照公式中每个运算符的特定次序从左到右计算,公式和普通数据一样可以进行编辑、复制和粘贴。

函数是预定义好的公式,Excel 提供的函数中包括财务、日期与时间、数字和三角函数、统计、数据库、文本、逻辑、信息等类型。函数由函数名和参数组成,函数名描述函数的功能,参数表示参加运算所需要的数据,包括数字、单元格地址、工作表名称等信息。

公式和函数中对单元格引用有相对引用和绝对引用两种基本的样式。相对引用是指单元格引用会随公式所在单元格的位置的变更而改变,进行公式复制后,公式的引用地址发生改变。绝对引用是指引用特定位置的单元格,如果公式中是绝对引用,那么复制后的公式引用不会改变,绝对引用的样式是在列字母和行数字之前加上美元符"$",如 $A$5,若用户在复制公式时,不希望公式中的引用随之改变,就要用到绝对引用。

### 5.2.1 【案例 3】常用函数、逻辑与统计函数的应用——计算班级学生期末成绩表

**案例描述**

请使用 Excel 电子表格软件中数据的计算和统计功能,通过公式和常用函数快速、准确地计算出各个学生的成绩,使用 Excel 的统计函数高效地统计和分析各科成绩情况。

**技术准备**

相关软件:Excel 电子表格。

案例素材:"网络班期末考试成绩单.xlsx"。

效果预览:"计算网络班期末考试成绩单.png"。

**操作流程**

第 1 步　打开案例素材中的文件"网络班期末考试成绩单.xlsx",将文件以"计算网络班期末考试成绩单.xlsx"为文件名另存在文件夹中。

第 2 步　计算并填充"考试课平均 60%"数据列,选中单元格 H5,选择"公式"→"函数库"→"自动求和"→"平均值"函数,选取单元格区域 C5:G5,计算出考试课的平均分,再乘以 0.6,即在编辑栏中输入公式" = AVERAGE(C5:G5) * 0.6"并按【Enter】键,如图 5-21 所示。其他同学的考试课成绩通过复制公式的方式来填充,即用鼠标拖动 H5 单元格右下角的填充柄至目标位置 H19 单元格。

第 3 步　计算并填充"考查课平均 40%"数据列,方法同上,选中单元格 N5,在编辑栏中输入公式" = AVERAGE(I5:M5) * 0.4"并按【Enter】键,再填充至 N19 单元格。

【案例 3】计算班级学生期末成绩表

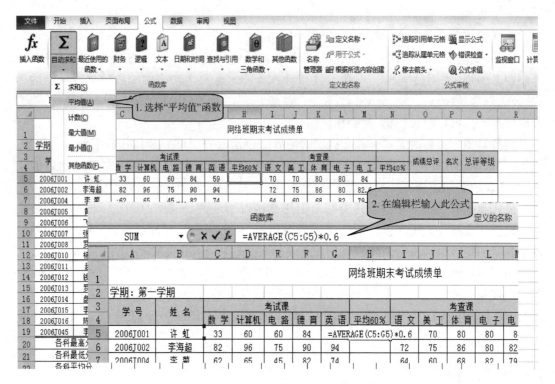

图 5-21　计算"考试课平均 60%"数据

### 知识链接

AVERAGE 函数：返回参数的平均值（算术平均值）。

区域：工作表上的两个或多个单元格，区域中的单元格可以相邻或不相邻。

语法 AVERAGE(number1，[number2]，…)，其中 number1 必需。要计算平均值的第一个数字、单元格引用或单元格区域。number2，…可选。要计算平均值的其他数字、单元格引用或单元格区域，最多可包含 255 个。

第 4 步　计算并填充"成绩总评"数据列，选中单元格 O5，选择"公式"→"函数库"→"自动求和"→"求和"函数，选取单元格 H5、再按住【Ctrl】键选中单元格 N5，即在编辑栏中输入公式"=SUM(H5,N5)"，并按【Enter】键即可。或在编辑栏中输入公式"=H5+N5"并按【Enter】键，再填充至 O19 单元格，将此列数据设置为一位小数。

### 知识链接

SUM 函数：返回某一单元格区域中所有数字之和。语法 SUM(number1，number2，…)，其中 number1，number2，…是要对其求和的 1～255 个参数。

第 5 步　计算并填充"各科最高分"数据行，选中单元格 E20，选择"公式"→"函数库"→"自动求和"→"最大值"函数，选取单元格区域 C5：C19，计算出数学的最高分，即在编辑栏中输入公式"= MAX(C5:C19)"并按【Enter】键,如图 5-22 所示,再填充至 O20 单元格,计算出其他科目的最高分,将此行数据居中。

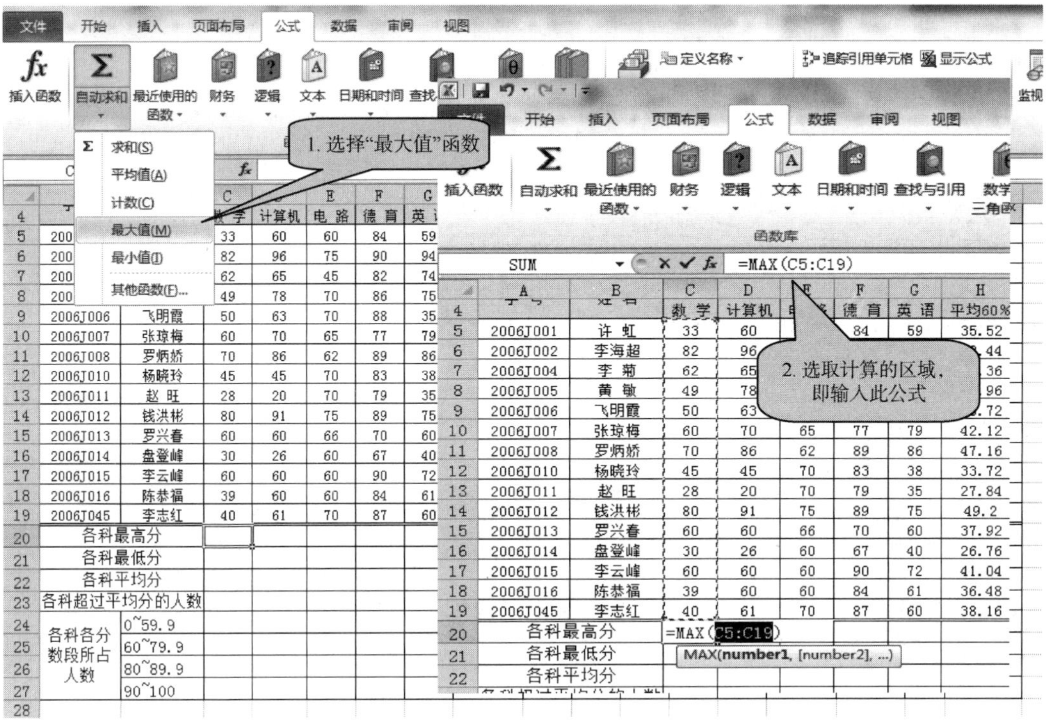

图 5-22　计算"各科最高分"数据

🔖 **知 识 链 接**

MAX 函数:返回一组值中的最大值。语法 MAX(number1,number2,…),其中 Number1,number2,…是要从中找出最大值的 1~255 个数字参数。

第 6 步　计算并填充"各科最低分"数据行,方法同上,选中单元格 C21,在编辑栏中输入公式"= MIN(C5:C19)"并按【Enter】键,再填充至 O21 单元格,将此行数据居中。

🔖 **知 识 链 接**

MIN 函数:返回一组值中的最小值。语法 MIN(number1,number2,…),其中 number1, number2,…是要从中查找最小值的 1 ～ 255 个数字。

第 7 步　计算并填充"各科平均分"数据行,方法同上,选中单元格 C22,在编辑栏中输入公式"= AVERAGE(C5:C19)"并按【Enter】键再填充至 O22 单元格,将此行数据设置为两位小数,居中对齐。

第 8 步　计算并填充"各科超过平均分的人数"数据行,选中单元格 C23,选择"公式"→"函数库"→"其他函数"→"统计"→COUNTIF 函数,在对话框中设置相应的参数,如图 5-23 所示,计算出数学超过平均分的人数,即在编辑栏中输入公式 " = COUNTIF ( C5:C19," > = "&C22) " 并按【Enter】键,再填充至 O23 单元格,计算出结果,将此行数据居中。

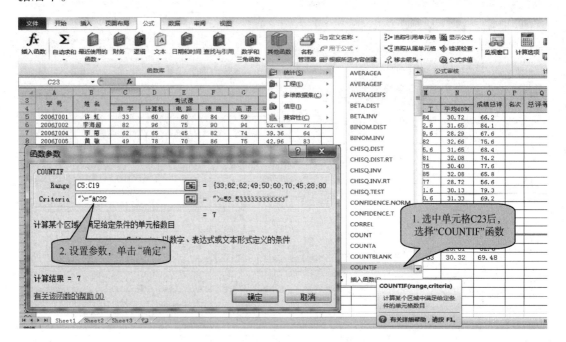

图 5-23　计算"各科超过平均分的人数"数据

### 知 识 链 接

COUNTIF 函数:计算某单元格区域内某个文本字符串或数字出现的次数,语法 COUNTIF( range,criteria) ,其中 range 要对其进行计数的一个或多个单元格,包括数字、数组或包含数字的引用,空值和文本值将被忽略。criteria 用于定义将对哪些单元格进行计数的数字、表达式、单元格引用或文本字符串。

第 9 步　计算并填充"名次"列数据,选中单元格 P5,选择"公式"→"函数库"→"其他函数"→"统计"→"RANK. EQ"函数,在对话框中设置相应的参数,如图 5-24 所示,计算出"许虹"在同学中的排名,即在编辑栏中输入公式 " = RANK. EQ( O5,$ O$5:$ O$19,0) " 并按【Enter】键,再填充至 P19 单元格,计算出结果,将此列数据居中。

### 知 识 链 接

RANK. EQ 函数是返回一个数字在数字列表中的排位,排名相同,则取最佳排名。数字的排位是其大小与列表中其他值的比值。语法 RANK( number, ref, order) ,其中 number 为需要找到排位的数字;ref 为数字列表数组或对数字列表的引用,ref 中的非数值型参数将被忽略;order 为一数字,指明排位的方式,如果 order 为 0( 零) 或省略,数字排位是基于 ref 按

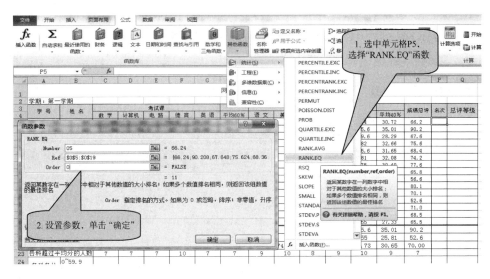

图 5-24　统计名次

照降序排列,否则按升序排列。

例题中填充公式后不希望单元格的地址随之改变,就要用到绝对引用,ref 的参数 $O
$5, $O$19 都是绝对引用。

第 10 步　计算并填充"总评等级"列数据。如果学生成绩评定要求为"成绩总评"大于
等于 90 则为"优秀","成绩总评"大于等于 80 则为"良好","成绩总评"大于等于 60 则为
"及格",否则为"不及格",那么此公式中需要使用 IF 函数的嵌套形式,一个函数中嵌套另
一个函数,函数的值可以作为另一个函数的参数。具体操作如下:

①选中单元格 Q5,选择"公式"→"函数库"→"逻辑"→"IF"函数,在对话框中设置相
应的参数,如图 5-25 所示。

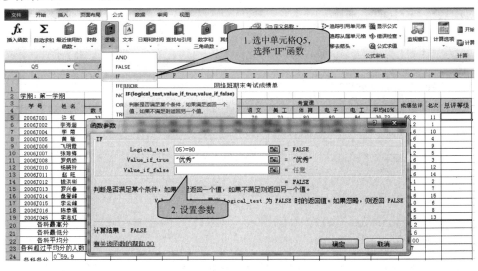

图 5-25　计算"总评等级"

②在 value_if_false 中要再嵌套 IF 函数,将光标定位在 value_if_false 文本框中,然后在编辑栏最左侧的函数下拉列表中选择 IF 函数,再次打开"函数参数"对话框进行设置,如图 5-26所示。

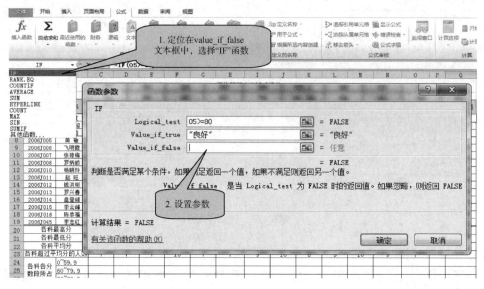

图 5-26　嵌套 IF 函数

③同上操作,再嵌套 IF 函数,"函数参数"设置如图 5-27 所示。即在编辑栏输入公式" = IF( O2 >=90,"优秀",IF( O2 >=80,"良好",IF( O2 > =60,"及格","不及格"))))"再填充至 Q19 单元格,计算出结果,将此列数据居中。

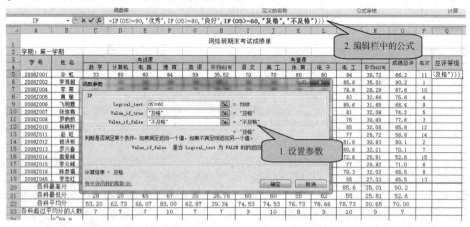

图 5-27　设置 IF 函数的参数

 **知 识 链 接**

IF 函数是根据对指定的条件计算结果为 TRUE 或 FALSE,返回不同的结果。可以使用IF 对数值和公式执行条件检测。语法 IF( logical_test , value_if_true , value_if_false ) 其中

logical_test 表示计算结果为 TRUE 或 FALSE 的任意值或表达式。例题中"Q5 >= 90"就是一个逻辑表达式;如果单元格 Q5 中的值大于等于 90,表达式的计算结果为 TRUE;否则为 FALSE。此参数可使用任何比较运算符。

value_if_true 是 logical_test 为 TRUE 时返回的值,value_if_true 可以是其他公式。

value_if_false 是 logical_test 为 FALSE 时返回的值,value_if_false 可以是其他公式。

第 11 步　统计出各科在 0 分 < 分数 < 60 分,60 分 ≤ 分数 < 80 分,80 分 ≤ 分数 < 90 分,90 分 ≤ 分数 ≤ 100 分这 4 个分数段的人数。选中单元格区域 C24:C27,选择"公式"→"函数库"→"其他函数"→"统计"→"FREQUENCY"函数,在对话框中设置相应的参数,如图 5-28 所示,统计出数学这科成绩在各分数段的人数,即在编辑栏中输入公式" = FREQUENCY(C5:C19,{59.9,79.9,89.9,100})",再按【Ctrl + Shift + Enter】组合键,其他科目利用填充功能即可统计出结果。

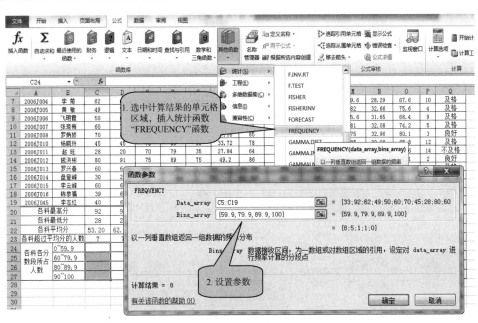

图 5-28　统计各科各分数段的人数

## 知识链接

FREQUENCY 函数是计算数值在某个区域内的出现频率,然后返回一个垂直数组。例题中使用函数 FREQUENCY 可以在分数区域内计算测验分数的个数。由于函数 FREQUENCY 返回一个数组,所以它必须以数组公式的形式输入。

语法 FREQUENCY(data_array,bins_array)其中 data_array 是一个数组或对一组数值的引用,如果 data_array 中不包含任何数值,函数 FREQUENCY 将返回一个零数组;bins_array 是一个区间数组或对区间的引用,该区间用于对 data_array 中的数值进行分组,如果 bins_array 中不包含任何数值,函数 FREQUENCY 返回的值与 data_array 中的元素个数相等。

### 5.2.2 【案例4】文本函数、日期时间函数的应用——管理学校教师信息表

**案例描述**

请使用 Excel 电子表格软件中数据的计算和统计功能,通过公式和函数快速、准确地统计出学校教师的相关信息,使用 Excel 的文本、日期函数高效地统计和分析教师情况。

**技术准备**

相关软件:Excel 电子表格。

案例素材:"学校教师信息表.xlsx"。

效果预览:"管理学校教师信息表.png"。

**操作流程**

第1步 打开案例素材中的文件"学校教师信息表.xlsx",将文件以"管理学校教师信息表.xlsx"为文件名另存在文件夹中。

第2步 计算并填充"姓氏"列数据,选中单元格 E2,选择"公式"→"函数库"→"文本"→"LEFT"函数,在对话框中设置相应的参数,如图 5-29 所示,计算出"薛军"的姓氏,即在编辑栏中输入公式"=LEFT(A2,1)"并按【Enter】键,再填充至 E21 单元格,计算出结果,将此列数据居中。

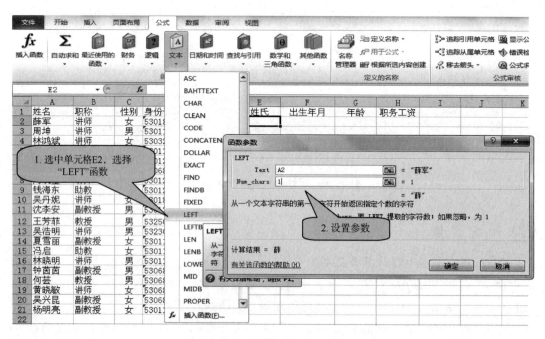

图 5-29 计算各教师的姓氏

**知 识 链 接**

Excel 提供了一些文本函数，其功能和语法如下表 5-1 所示。

表 5-1　**Excel 的文本函数**

| 函　数 | 功　能 | 应用举例 | 结　果 |
|---|---|---|---|
| LEFT(text,n) | 取 text(文本)左边 n 个字符 | = LEFT("ABCD",3) | "ABC" |
| LEN(text) | 求 text 的字符个数 | = LEN("ABCD") | 4 |
| MID(text,n,p) | 从 text 中第 n 个字符开始连续取 p 个字符 | = MID("ABCD",2,3) | "BCD" |
| RIGHT(text,n) | 取 text 右边 n 个字符 | = RIGHT("ABCD",3) | 3 |
| FIND(find_text, within_text,n) | 从 within_text 中第 n 个字符开始查找 find_text | = FIND("CD","CDACD",2) | 4 |
| TRIM(text) | 从 text 中去除头、尾空格 | = TRIM("[AB[C[") | "AB[C"([代表空格) |

第 3 步　计算并填充"出生年月"列数据，根据身份证号可取出个人的出生日期，身份证号的第 7 位开始的 8 位数字字符就是个人的出生日期。选中单元格 F2，选择"公式"→"函数库"→"文本"→"MID"函数，在对话框中设置相应的参数，如图 5-30 所示，计算出生年份值，公式中用连接符"&"连接"/"，间隔日期年月，再用 MID 函数计算出生月份值，如图 5-31 所示，计算出"薛军"的出生日期，即在编辑栏中输入公式" = MID(D2,7,4)&"/"&MID(D2,11,2)"并按【Enter】键，再填充至 F21 单元格，计算出结果，将此列数据居中。

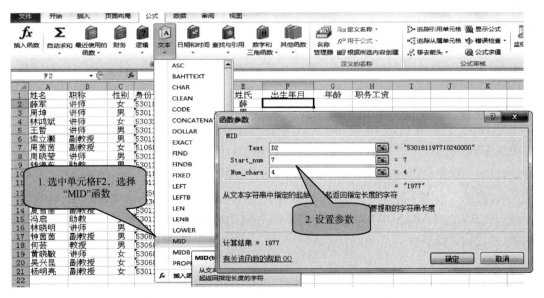

**图 5-30　计算各教师的出生年份**

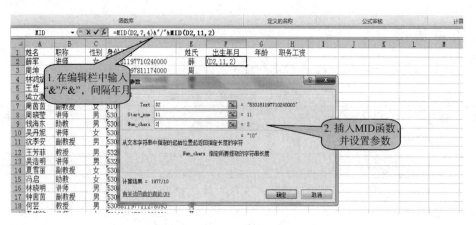

图 5-31 计算各教师的出生年月

 **知 识 链 接**

Excel 常用的运算符如表 5-2 所示。

表 5-2 Excel 常用的运算符

| 运 算 符 | 说 明 |
| --- | --- |
| :(冒号),(逗号) | 引用运算符 |
| — | 负数(如 -1) |
| % 和 ^ | 百分比和乘方 |
| * 和 / | 乘和除 |
| + 和 - | 加和减 |
| & | 连接两个文本字符串(串连) |
| = < > < > <= >= | 比较运算符 |

第 4 步 计算并填充"年龄"列数据,年龄的计算方法:年龄 = 现在的年份-出生年份,选中单元格 G2,选择"公式"→"函数库"→"日期和时间"→"YEAR"函数,在对话框中设置参数时,单击编辑栏最左侧的函数下拉列表,选择 NOW 函数,如图 5-32 所示,计算出当前的年份,再减去出生年份,可用 YEAR 函数计算出生年份,得到"薛军"的年龄,即在编辑栏中输入公式" = YEAR(NOW( ))-YEAR(F2)"并按【Enter】键,再填充至 G21 单元格,计算出结果,将此列数据居中。

 **知 识 链 接**

Excel 提供了一些日期和时间函数,其功能和语法如表 5-3 所示。

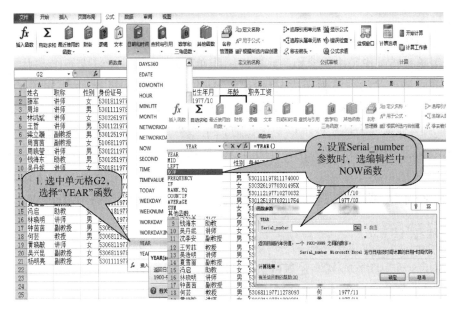

**图 5-32　计算各教师的年龄**

**表 5-3　Excel 的日期时间函数**

| 函　　数 | 功　　能 | 应用举例 | 结　　果 |
|---|---|---|---|
| DATE(year,month,day) | 生成日期 | = DATE(99,7,25) | 1999-7-25 |
| DAY(date) | 取日期的天数 | = DAY(date(99,7,25)) | 25 |
| MONTH(date) | 取日期的月份 | = MONTH(date(99,7,25)) | 7 |
| NOW() | 取系统的日期和时间 | = NOW() | 取系统当前时间 |
| TIME(hour,minute,second) | 返回代表指定时间的序列数 | = TIME(16,48,10) | 4:48:10 PM |
| TODAY() | 求系统日期 | = TODAY() | 取系统当前日期 |
| YEAR(date) | 取日期的年份 | = YEAR(date) | 取系统当前年份 |

第 5 步　计算并填充"职务工资"列数据,职务工资根据不同的职称判断出,助教是 1350 元,讲师是 1880 元,副教授是 2580 元,教授是 3280 元。可使用 IF 函数嵌套判断出职务工资的数据,即选中单元格 H2,在编辑栏中输入公式" = IF(B2 = "助教",1350,IF(B2 = "讲师",1880,IF(B2 = "副教授",2580,IF(B2 = "教授",3280)))) "并按【Enter】键,再填充至 H21 单元格,计算出结果。

## 5.3　Excel 数据分析及处理

### 学习目标

- 掌握数据的简单排序、多关键字排序和自定义排序的方法;
- 掌握数据的自动筛选和高级筛选的方法;
- 掌握分类汇总的方法;

● 掌握合并计算的方法；

● 会创建数据透视表分析数据。

数据清单是指工作表中包含相关数据的一系列数据行，可以理解成工作表中的一张二维表格。数据清单中的列称为字段，行称为记录，在执行数据分析处理时，如排序、筛选等操作时，Excel 会自动将数据清单视为数据库，来组织、处理数据。

Excel 中数据透视表是一种可以快速汇总大量数据的交互式报表，可以通过转换行和列查看源数据的不同汇总，显示不同的页面以筛选数据，为用户进一步分析数据和快速决策提供依据。

### 5.3.1 【案例5】排序、筛选、分类汇总数据——分析与统计茶叶销售表

**案例描述**

请使用 Excel 电子表格软件中数据处理功能，通过 Excel 强大的数据排序、筛选、分类汇总等功能，对 3 个分店全年各种茶叶销售情况进行分析与统计。

**技术准备**

相关软件：Excel 电子表格。

案例素材："茶叶销售表.xlsx"。

效果预览："分析与统计茶叶销售表-1.png"～"分析与统计茶叶销售表-5.png"。

【案例5】分析与
统计茶叶销售表

**操作流程**

第1步　数据排序。

①打开案例素材中的文件"茶叶销售表.xlsx"，将文件以"分析与统计茶叶销售表.xlsx"为文件名另存在文件夹中。复制"茶叶销售"工作表，将副本更名为"排序"，在"排序"工作表中按季度对各茶叶的销售额进行降序排列。

②在工作表中选中任意单元格，选择"数据"→"排序和筛选"→"排序"选项，在"排序"对话框中设置"主要关键字"为"季度"，"升序"排序；单击"添加条件"按钮，设置"次要关键字"为"销售额"，"降序"排列，操作如图5-33所示，排序结果如图5-34所示。

③复制"茶叶销售"工作表，将副本更名为"自定义排序"，在"自定义排序"工作表中按销售部门对各茶叶的利润进行降序排列。

④在工作表中选中任意单元格，选择"数据"→"排序和筛选"→"排序"选项，在"排序"对话框中设置"主要关键字"为"销售部门"，"次序"选择"自定义排序"，在"自定义排序"对话框中输入序列，按"第一分店""第二分店""第三分店"添加序列。

**知识链接**

Excel 中系统默认的汉字排序方式是以汉字拼音的字母顺序排列的，所以"销售部门"要采用自定义排序方式排列顺序。在排序时，若以某字段进行快速排序，只需要选中该字

段，单击“升序”获“降序”按钮即可。

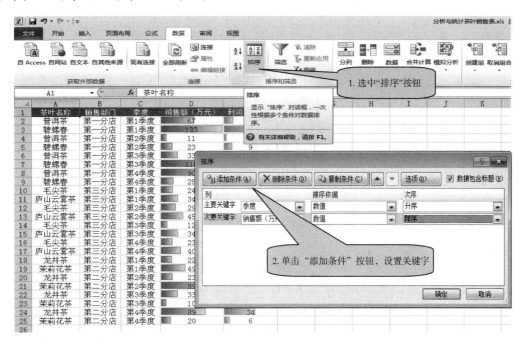

图 5-33　按季度对茶叶销售额排序

| | A | B | C | D | E |
|---|---|---|---|---|---|
| 1 | 茶叶名称 | 销售部门 | 季度 | 销售额（万元） | 利润（万元） |
| 2 | 碧螺春 | 第一分店 | 第1季度 | 123 | 45 |
| 3 | 普洱茶 | 第一分店 | 第1季度 | 67 | 10 |
| 4 | 茉莉花茶 | 第二分店 | 第1季度 | 49 | 11 |
| 5 | 庐山云雾茶 | 第三分店 | 第1季度 | 34 | 9 |
| 6 | 毛尖茶 | 第三分店 | 第1季度 | 24 | 5 |
| 7 | 龙井茶 | 第二分店 | 第1季度 | 22 | 7 |
| 8 | 茉莉花茶 | 第二分店 | 第2季度 | 89 | 34 |
| 9 | 庐山云雾茶 | 第三分店 | 第2季度 | 45 | 12 |
| 10 | 毛尖茶 | 第三分店 | 第2季度 | 29 | 6 |
| 11 | 碧螺春 | 第一分店 | 第2季度 | 23 | 9 |
| 12 | 龙井茶 | 第二分店 | 第2季度 | 23 | 9 |
| 13 | 普洱茶 | 第一分店 | 第2季度 | 11 | 3 |
| 14 | 碧螺春 | 第一分店 | 第3季度 | 110 | 40 |
| 15 | 庐山云雾茶 | 第三分店 | 第3季度 | 34 | 15 |
| 16 | 普洱茶 | 第一分店 | 第3季度 | 33 | 5 |
| 17 | 龙井茶 | 第二分店 | 第3季度 | 33 | 10 |
| 18 | 毛尖茶 | 第三分店 | 第3季度 | 12 | 4 |
| 19 | 茉莉花茶 | 第二分店 | 第3季度 | 10 | 3 |
| 20 | 普洱茶 | 第一分店 | 第4季度 | 90 | 57 |
| 21 | 龙井茶 | 第二分店 | 第4季度 | 89 | 34 |
| 22 | 庐山云雾茶 | 第三分店 | 第4季度 | 40 | 9 |
| 23 | 碧螺春 | 第一分店 | 第4季度 | 25 | 8 |
| 24 | 毛尖茶 | 第三分店 | 第4季度 | 23 | 12 |
| 25 | 茉莉花茶 | 第二分店 | 第4季度 | 20 | 6 |

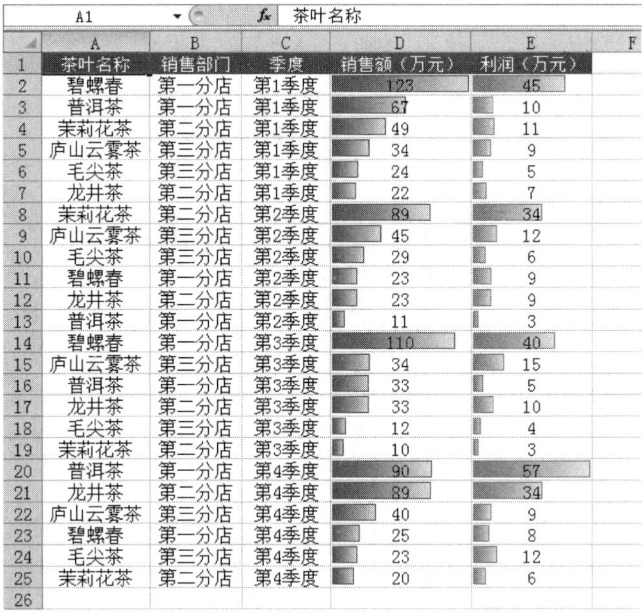

图 5-34　排序结果

⑤再设置“次要关键字”为“利润”，“降序”排序，操作如图 5-35 所示，排序结果如图 5-36 所示。

第 2 步　数据筛选。

①筛选出第 1 季度茶叶销售额超过 50（包含 50）万元的数据，复制“茶叶销售”工作表，

将副本更名为"自动筛选",在工作表中选中任意单元格,单击"数据"→"排序和筛选"→"筛选"按钮,此时在各列标题名后出现下拉按钮,单击"季度"后的下拉按钮,打开列筛选器,只需勾选"第1季度"复选框,单击"确定"按钮,操作如图5-37所示。

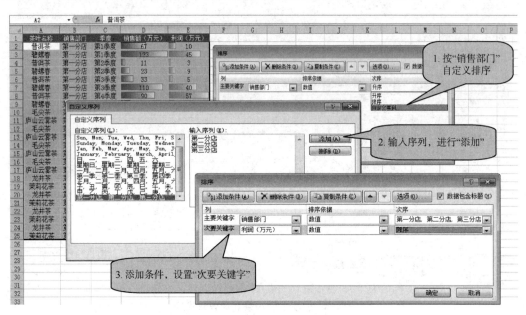

图5-35 按销售部门对茶叶利润排序

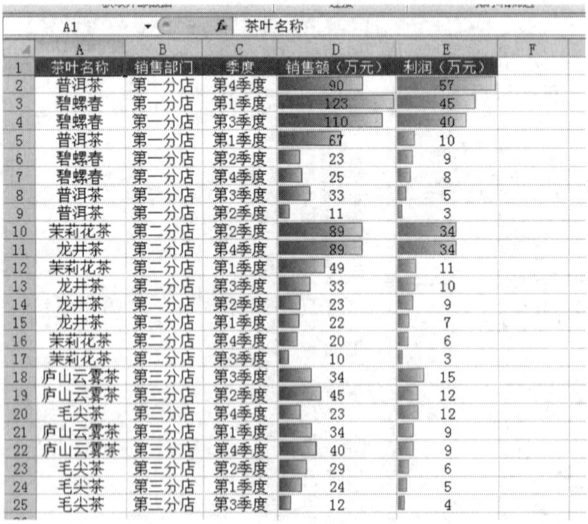

图5-36 自定义排序结果

②单击"销售额"后的下拉按钮,打开列筛选器,单击"数字筛选"→"大于或等于"命令,在"自定义自动筛选方式"对话框中进行设置,如图5-38所示。筛选结果如图5-39所示。

③筛选出第一分店第2季度茶叶的销售数据和"龙井茶"的利润超过10(包含10)万元的销售数据。复制"茶叶销售"工作表,将副本更名为"高级筛选",在工作表中选中单元格

A28，设置条件区域，条件区域必须有列标签，条件区域与数据区域之间至少留一个空行，现设置两个复杂的条件，如图 5-40 所示。

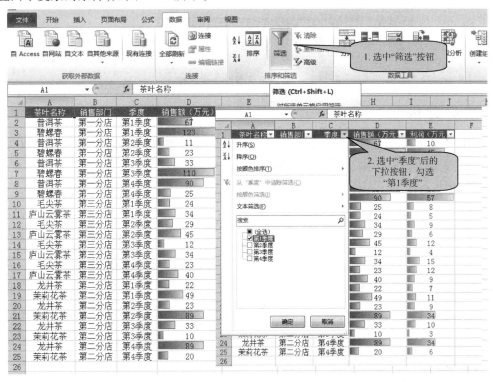

**图 5-37　筛选"第 1 季度"的数据**

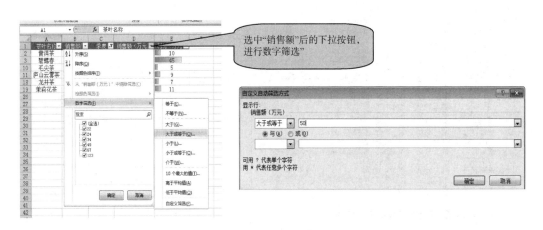

**图 5-38　筛选"销售额"超过 50 万的数据**

**图 5-39　自动筛选结果**

图5-40  设置复杂条件区域

### 知识链接

Excel 中按照多个条件筛选数据,采用高级筛选,设置条件时,"逻辑与"关系条件设置在同一行,表示多个条件同时满足;"逻辑或"关系条件设置在不同行,如例题中第 1 个条件和第 2 个条件的设置。

④选中数据区域的任意单元格,选择"数据"→"排序和筛选"→"高级"选项,在"高级筛选"的对话框中设置列表区域、条件区域,如图 5-41 所示。单击"确定"按钮,结果如图 5-42 所示。

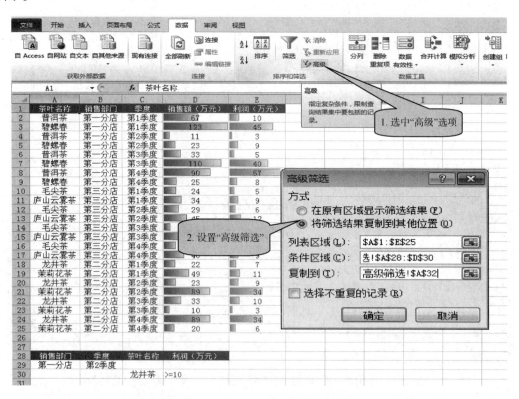

图5-41  设置"高级筛选"

**第3步  数据分类汇总。**

①统计各分店全年茶叶的平均销售额,同时汇总各分店的各季度的总利润。复制"茶叶销售"工作表,将副本更名为"分类汇总",将"销售部门"作为主要关键字,按"第一分店、

第二分店、第三分店"的顺序进行排序,将"季度"作为次要关键字升序排列。

| 28 | 销售部门 | 季度 | 茶叶名称 | 利润（万元） | |
| --- | --- | --- | --- | --- | --- |
| 29 | 第一分店 | 第2季度 | | | |
| 30 | | | 龙井茶 | >=10 | |
| 31 | | | | | |
| 32 | 茶叶名称 | 销售部门 | 季度 | 销售额（万元） | 利润（万元） |
| 33 | 普洱茶 | 第一分店 | 第2季度 | 11 | 3 |
| 34 | 碧螺春 | 第一分店 | 第2季度 | 23 | 9 |
| 35 | 龙井茶 | 第二分店 | 第3季度 | 33 | 10 |
| 36 | 龙井茶 | 第二分店 | 第4季度 | 89 | 34 |
| 37 | | | | | |

**图 5-42　高级筛选的结果**

②选中数据区域的任意单元格,选择"数据"→"分级显示"→"分类汇总"选项,打开"分类汇总"对话框,进行设置,操作如图 5-43 所示。

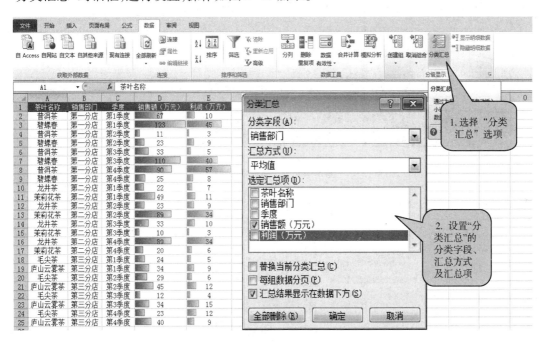

**图 5-43　分类汇总各分店全年茶叶的平均销售额**

### 知识链接

Excel 中分类汇总命令是将分类项排序后,将相同类别的数据归纳在一起,按类别对数据进行自动计算。"分类汇总"命令还会分级显示(分级显示:工作表数据,其中明细数据行或列进行了分组,以便能够创建汇总报表。分级显示可汇总整个工作表或其中的一部分)列表,以便显示和隐藏每个分类汇总的明细行。

③单击"确定"按钮后,再次执行分类汇总。在打开"分类汇总"对话框中,如图 5-44 进行设置,注意取消选中"替换当前分类汇总"复选框,单击"确定"按钮,实现二级分类汇总,结果如图 5-45 所示。

| 1 2 3 | | A | B | C | D | E | F | G | H | I |
|---|---|---|---|---|---|---|---|---|---|---|
| | 1 | 茶叶名称 | 销售部门 | 季度 | 销售额（万元） | 利润（万元） | | | | |
| | 2 | 普洱茶 | 第一分店 | 第1季度 | 67 | 10 | | | | |
| | 3 | 碧螺春 | 第一分店 | 第1季度 | 123 | 45 | | | | |
| | 4 | 普洱茶 | 第一分店 | 第2季度 | 11 | 3 | | | | |
| | 5 | 碧螺春 | 第一分店 | 第2季度 | 23 | 9 | | | | |
| | 6 | 普洱茶 | 第一分店 | 第3季度 | 33 | 5 | | | | |
| | 7 | 碧螺春 | 第一分店 | 第3季度 | 110 | 40 | | | | |
| | 8 | 普洱茶 | 第一分店 | 第4季度 | 90 | 57 | | | | |
| | 9 | 碧螺春 | 第一分店 | 第4季度 | 25 | 8 | | | | |
| | 10 | | | 第一分店 平均值 | 60.25 | | | | | |
| | 11 | 龙井茶 | 第二分店 | 第1季度 | 22 | 7 | | | | |
| | 12 | 茉莉花茶 | 第二分店 | 第1季度 | 49 | 11 | | | | |
| | 13 | 龙井茶 | 第二分店 | 第2季度 | 23 | 9 | | | | |
| | 14 | 茉莉花茶 | 第二分店 | 第2季度 | 89 | 34 | | | | |
| | 15 | 龙井茶 | 第二分店 | 第2季度 | 33 | 10 | | | | |
| | 16 | 茉莉花茶 | 第二分店 | 第3季度 | 10 | 3 | | | | |
| | 17 | 龙井茶 | 第二分店 | 第4季度 | 89 | 34 | | | | |
| | 18 | 茉莉花茶 | 第二分店 | 第4季度 | 20 | 6 | | | | |
| | 19 | | | 第二分店 平均值 | 41.875 | | | | | |
| | 20 | 毛尖茶 | 第三分店 | 第1季度 | 24 | 5 | | | | |
| | 21 | 庐山云雾茶 | 第三分店 | 第1季度 | 34 | 9 | | | | |
| | 22 | 毛尖茶 | 第三分店 | 第2季度 | 29 | 6 | | | | |
| | 23 | 庐山云雾茶 | 第三分店 | 第2季度 | 45 | 12 | | | | |
| | 24 | 毛尖茶 | 第三分店 | 第3季度 | 12 | 4 | | | | |
| | 25 | 庐山云雾茶 | 第三分店 | 第3季度 | 34 | 15 | | | | |
| | 26 | 毛尖茶 | 第三分店 | 第4季度 | 23 | 12 | | | | |
| | 27 | 庐山云雾茶 | 第三分店 | 第4季度 | 40 | 9 | | | | |
| | 28 | | | 第三分店 平均值 | 30.125 | | | | | |
| | 29 | | | 总计平均值 | 44.08333333 | | | | | |

分类汇总对话框：
分类字段(A)：季度
汇总方式(U)：求和
选定汇总项(D)：☐茶叶名称 ☐销售部门 ☐季度 ☐销售额（万元） ☑利润（万元）
☐替换当前分类汇总(C)
☐每组数据分页(P)
☑汇总结果显示在数据下方(S)
[全部删除(R)] [确定] [取消]

图5-44 二级分类汇总

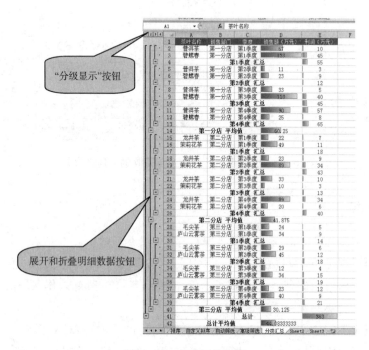

"分级显示"按钮

展开和折叠明细数据按钮

图5-45 分类汇总结果

### 5.3.2 【案例6】合并计算与数据透视表的应用——分析与统计鲜花销售表

**案例描述**

请使用 Excel 电子表格软件中合并计算功能,将两张工作表中第一季度、第二季度的鲜花销售量合并统计出各种鲜花半年的销售量,并生成新的工作表,再将第一季度的鲜花销售表制作成透视表,查看百合花和满天星在各分店第一季度的销售情况。

**技术准备**

相关软件:Excel 电子表格。

案例素材:"鲜花销售表. xlsx"。

效果预览:"分析与统计鲜花销售表-1. png""分析与统计鲜花销售表-2. png"。

**操作流程**

第 1 步　合并计算。

①打开案例素材中的文件"鲜花销售表. xlsx",将文件以"分析与统计鲜花销售表. xlsx"为文件名另存在文件夹中。选中"合并计算"工作表的 A2 单元格,选择"数据"→"数据工具"→"合并计算"选项,打开"合并计算"对话框,进行设置,其中"函数"选择"求和","引用位置"分别是"第一季度!＄B＄2:＄G＄18""'第二季度'!＄A＄2:＄F＄18",单击"添加"按钮,"标签位置"勾选"首行""最左列"复选框,操作如图 5-46 所示。

【案例5】分析与统计鲜花销售表

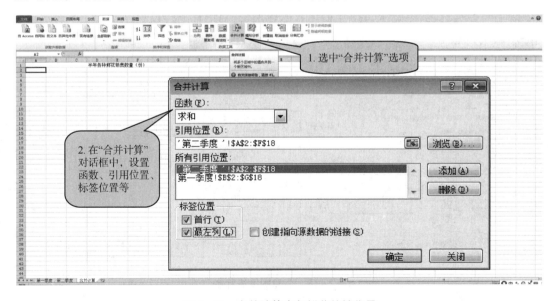

图 5-46　合并计算半年鲜花的销售量

②单击"确定"按钮后,合并计算的结果如图 5-47 所示。由于对文本数据无法实现合并计算,所以"经销店"字段值为空,可将其删除,在 A2 单元格补写"品名",将各月的数据

进行调整即可。

| | A | B | C | D | E | F | G | H | I | J | K | L |
|---|---|---|---|---|---|---|---|---|---|---|---|---|
| 1 | | | | 半年各种鲜花销售数量（份） | | | | | | | | |
| 2 | 品名 | 经销店 | 四月 | 五月 | 六月 | 一月 | 二月 | 三月 | 销售合计 | | | |
| 3 | 满天星 | | 75 | 75 | 107 | 85 | 85 | 107 | 534 | | | |
| 4 | 百合花 | | 37 | 66 | 57 | 47 | 57 | 57 | 321 | | | |
| 5 | 非洲菊 | | 11 | 21 | 16 | 18 | 21 | 16 | 103 | | | |
| 6 | 蝴蝶兰 | | 63 | 56 | 71 | 63 | 56 | 71 | 380 | | | |
| 7 | 月季花 | | 65 | 69 | 77 | 56 | 64 | 77 | 408 | | | |
| 8 | 富贵竹 | | 8 | 13 | 11 | 8 | 13 | 11 | 64 | | | |
| 9 | 马蹄莲 | | 17 | 19 | 58 | 17 | 19 | 27 | 157 | | | |
| 10 | 龟背叶 | | 33 | 39 | 42 | 33 | 39 | 42 | 228 | | | |
| 11 | | | | | | | | | | | | |

图 5-47　合并计算结果

### 知识链接

　　Excel 中合并计算有两种形式：一种是按分类进行合并计算；另一种是按位置进行合并计算。通过分类来合并计算数据是指当多个数据源区域包含相似的数据，却依据不同的分类标记排列时进行的数据合并计算方式；通过位置来合并计算数据是指在所有源区域中的数据被相同地排列，这种方式非常适用于处理相同表格的合并工作。

　　第 2 步　数据透视表。

　　①制作"第一季度鲜花销售透视表"，查看不同品种的鲜花在不同分店的销售情况，对第一季度鲜花的销售情况进行分析，选中"第一季度"工作表的 B2 单元格，选择"插入"→"表格"→"数据透视表"选项，打开"创建数据透视表"对话框进行设置，如图 5-48 所示。

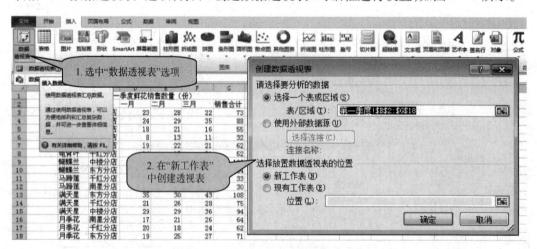

图 5-48　创建数据透视表

　　②单击"确定"按钮后，在 Sheet1 工作表中将显示刚刚创建的空的数据透视表和"数据透视表字段列表"任务窗格，同时在窗体的标题栏中出现了"数据透视表工具"选项卡，将工作表更名为"数据透视表1"，如图 5-49 所示。

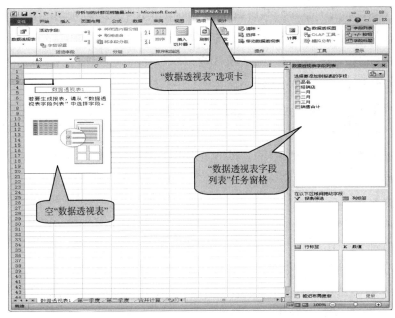

图 5-49　空数据透视表及其任务窗格

③在"数据透视表字段列表"任务窗格中，将"品名"字段拖到"行标签"区域，将"经销店"字段拖到"列标签"区域，将"一月""二月""三月""销售合计"字段拖到"数值"区域，再将"列标签"区域中"Σ 数值"拖到"行标签"区域即可，如图 5-50 所示。

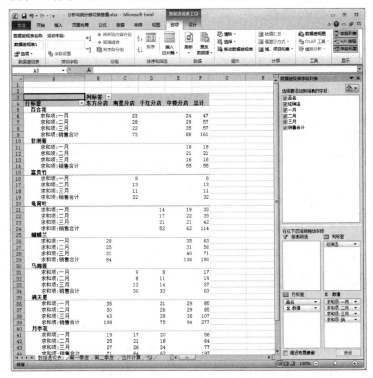

图 5-50　统计第一季度各种鲜花在各分店的销售情况

④查看百合花和满天星在各分店第一季度的销售情况及一月销售的最大量。对"行标签"自动筛选，勾选"百合花、满天星"复选框，单击"确定"按钮，如图5-51所示。再单击"Σ数值"中的"求和项：一月"，选中"值字段设置"命令，打开"值字段设置"对话框，将汇总方式设置为"最大值"，如图5-52所示。

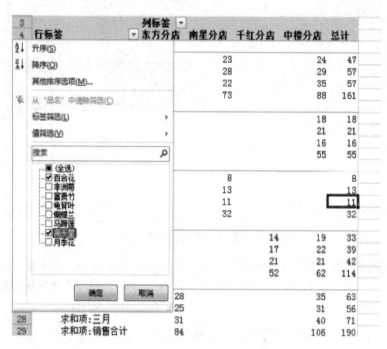

图5-51  对行标签自动筛选

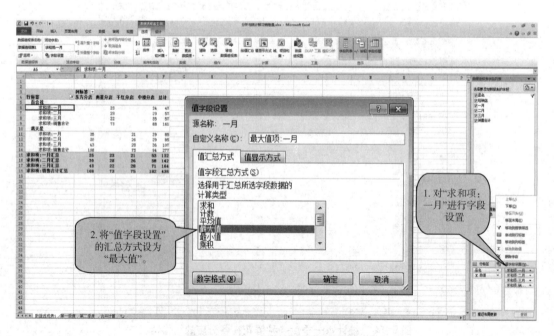

图5-52  "一月"的"值字段设置"

## 5.4 **Excel 图表生成与排版打印**

**学习目标**

- 掌握创建图表的方法；
- 掌握编辑、美化图表的方法；
- 掌握工作表的页面设置；
- 掌握工作表的打印。

图表是在 Excel 中可以直观分析数据的一种方式，在制作图表时，应了解表现不同的数据关系时，如何选择合适的图表类型，特别要注意正确选定数据源。图表即可以插入到工作表中生成嵌入图表，也可以生成一张单独的工作表。如果工作表中作为图表源数据的部分数据发生变化，图表中的对应部分也会自动更新。

### 5.4.1 【案例7】图表的应用——创建考试用书销量图表

**案例描述**

请使用 Excel 电子表格软件中插入图表的功能，将考试用书的全年销量数据以"三维簇状柱形图"的图表形式显示，有利于直观地分析数据，再复制图表，对图表进行编辑、美化，以"折线图"图表显示数学和计算机类的考试用书的销量，计算出全年各类书的总销售额，再以"饼图"显示各类书在全年的销售额占比情况。

**技术准备**

相关软件：Excel 电子表格。

案例素材："考试用书销量统计表 . xlsx"。

效果预览："创建考试用书销量图表 . png"。

**操作流程**

第 1 步　创建图表。

①打开案例素材中的文件"考试用书销量统计表 . xlsx"，将文件以"创建考试用书销量图表 . xlsx"为文件名另存在文件夹中。选中 Sheet1 工作表的 B2 单元格，单击"插入"→"图表"→"柱形图"→"三维簇状柱形图"按钮，此时就在工作表中自动生成图表，如图 5-53 所示。

②选中生成的图表，选择"图表工具"中的"设计"→"图表布局"→"布局 1"选项，所选的图表就以"布局 1"显示，将"图表标题"更名为"考试用书全年销量图"，选择"图表工具"中的"布局"选项卡，可以对图表的各个区域进行设置，如图表区、绘图区、图例、水平（类别）轴、垂直（值）轴等。

【案例7】创建考试用书销量图表

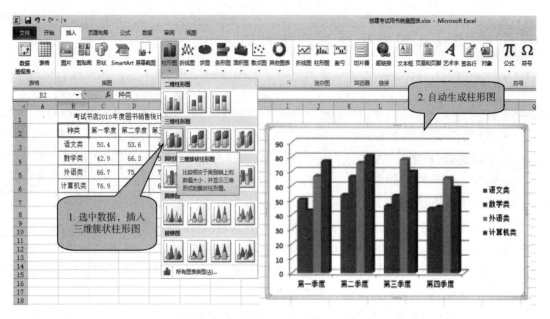

图 5-53　自动生成图表

第 2 步　美化图表。

①添加坐标轴标题,选择"图表工具"中的"布局"→"标签"→"坐标轴标题"→"主要横坐标轴标题"→"坐标轴下方标题"命令,在提示文字"坐标轴标题"处输入"季度",将纵坐标标题设置为"销售额(万元)",并将坐标轴的标题格式设置为楷体、12 磅、加粗、深红色。

②调整数值刻度,右击"垂直(值)轴",在快捷菜单中选择"设置坐标轴格式"命令,或者在"图表工具"中的"布局"→"当前所选内容"中选择"垂直(值)轴"并设置所选内容的格式,在设置坐标轴格式对话框中,设置"最小值"为"30","最大值"为"90","主要刻度单位"为"10",利用此对话框还可以设置数字格式、填充效果、线条颜色等多种效果,如图 5-54 所示。

第 3 步　编辑图表。

①复制此图表,将图表改成数学和计算机类全年销售额的带数据标记的折线图,并改为以各"季度"为系列。选中复制的图表,选择"图表工具"中的"设计"→"类型"→"更改图表类型"选项,打开"更改图表类型"对话框,选择"带数据标记的折线图",再选择"图表工具"中的"设计"→"数据"→"选择数据"选项,打开"选择数据源"对话框进行设置,图表数据区域为 B2:F6,删除"语文类""外语类"数据,并单击"切换行/列",如图 5-55 所示。

②选中折线图,将横坐标标题更改为"书的种类",选择"图表工具"中的"布局"→"标签"→"数据标签"→"居中"选项,在数据点上居中显示数据标签,右击"图表区",从弹出的快捷菜单中选择"设置图表区域格式"命令,为图表添加"花束"填充底纹,效果如图 5-56 所示。

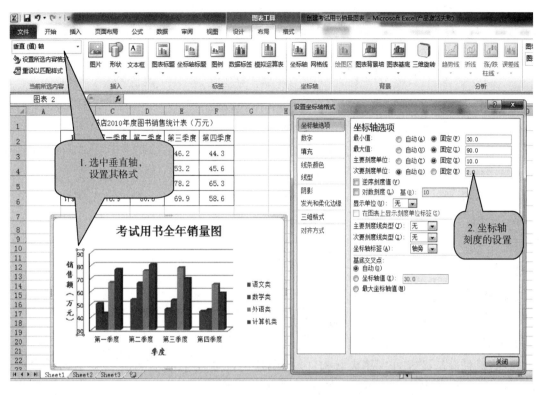

图 5-54 设置图表坐标轴

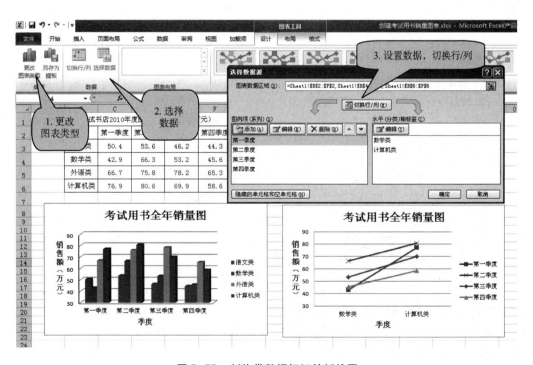

图 5-55 制作带数据标记的折线图

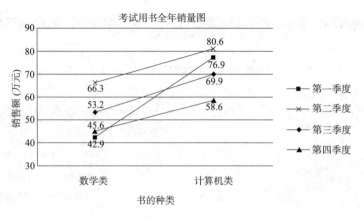

图 5-56　折线图的效果

第 4 步　创建各类书全年的销售额占比图。

①选中单元格 G2，输入"总销售额"，选中单元格 G3，输入函数"＝SUM(C3∶F3)"，填充至 G6 单元格，计算出各类书的总销售额。选中 Sheet1 工作表的 B2 单元格，选择"插入"→"图表"→"饼图"→"二维饼图"选项，此时就在工作表中自动生成饼图。

②选中饼图，选择"图表工具"中的"设计"→"数据"→"选择数据"选项，打开"选择数据源"对话框进行设置，在"图表数据区域"中选中区域 B2∶B6，再按住【Ctrl】键加选区域 G2∶G6，并单击"切换行/列"按钮，如图 5-57 所示。

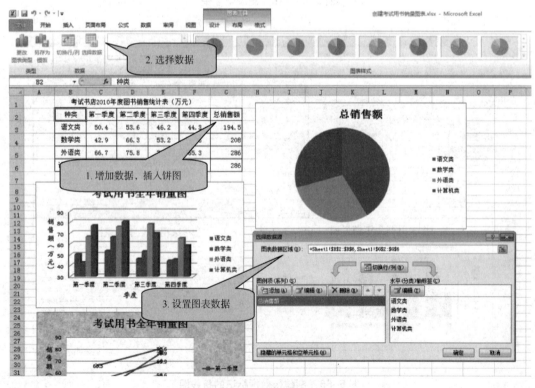

图 5-57　创建各类书的全年销售饼图

③选中饼图,单击"图表工具"中的"设计"→"图表布局"→"布局 6"按钮,选中"绘图区",选择"设置所选内容格式",设置图案填充为"小纸屑",添加"向右偏移"的阴影,效果如图 5-58 所示。

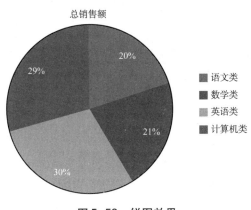

图 5-58 饼图效果

## 5.4.2 【案例8】页面设置与打印——浏览及打印仓库物品表

### 案例描述

请使用 Excel 电子表格软件中视图、页面布局功能,对仓库物品管理表进行窗口设置,方便多页浏览物品清单,再对此仓库物品管理表进行页面设置,按类别分页打印仓库的物品管理表。

### 技术准备

相关软件:Excel 电子表格。

案例素材:"仓库物品管理.xlsx"。

效果预览:"浏览及打印仓库物品表-1.png""浏览及打印仓库物品表-2.png"。

### 操作流程

第 1 步 打开案例素材中的文件"仓库物品管理.xlsx",将文件以"浏览及打印仓库物品表.xlsx"为文件名另存在文件夹中,复制工作表"仓库物品一览表",将其重命名为"浏览仓库物品",选中行号3,单击"视图"→"窗口"→"拆分"按钮,将窗口分为上、下两个,如图 5-59 所示。再次单击"拆分"按钮,则取消窗口的拆分。

【案例8】浏览及打印仓库物品表

图 5-59 拆分窗口

第2步 选择"视图"→"窗口"→"冻结窗格"→"冻结拆分窗格"选项,如图5-60所示,则上窗格固定不动,下窗格可滚动显示,方便浏览整个工作表。

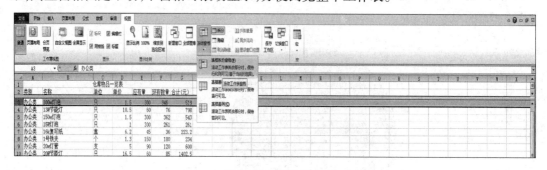

图5-60 冻结窗格

第3步 复制工作表"仓库物品一览表",将其重命名为"打印仓库物品表",按"类别"将数据进行升序排列,选中所有数据,加上边框。单击"页面布局"→"页面设置"的右下角按钮,打开"页面设置"对话框,将页面设置为A4、纵向,页边距上、下、左、右都设置为2.5,如图5-61所示。

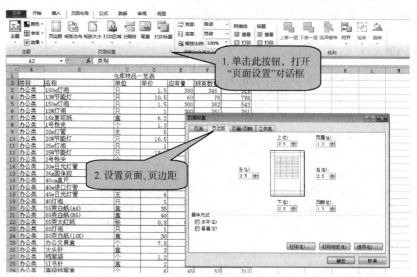

图5-61 页面设置

第4步 设置页眉/页脚,选择"页面设置"对话框中的"页眉/页脚"选项卡,单击"自定义页眉"按钮,打开"页眉"对话框,在右侧编辑框中插入"&[日期]统计"其中"&[日期]"是通过单击"插入日期"按钮插入当前日期,如图5-62所示。再自定义页脚,在页脚的中间插入"&[页码]/&[总页数]",设置后的效果可选择"视图"→"工作簿视图"→"页面布局"选项,进行页面视图预览,如图5-63所示。

## 知识链接

Excel中工作表页眉和页脚的添加和在Word中同理,还可以直接选择"插入"→"文本"

→"页眉和页脚"选项,打开"页眉/页脚工具"进行设计。

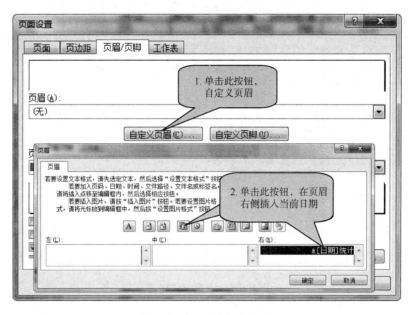

图 5-62　设置页眉、页脚

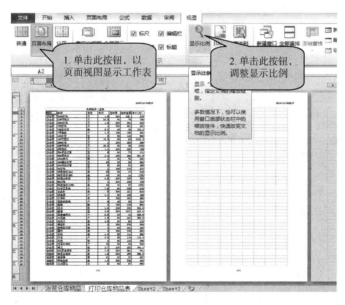

图 5-63　页面布局视图

第 5 步　选择"视图"→"工作簿视图"→"普通"选项,切换到普通视图。在各类别之间添加分页线,选中 44 行,选择"页面布局"→"页面视图"→"分隔符"→"插入分页符"选项,分别对 67 行、100 行添加分页符。再选择"页面布局"→"页面视图"→"打印标题"选项,打开"页面设置"对话框设置"工作表",将 1、2 行的标题和表头作为打印标题,可以使每一页表格都在顶端显示相同的标题,如图 5-64 所示。

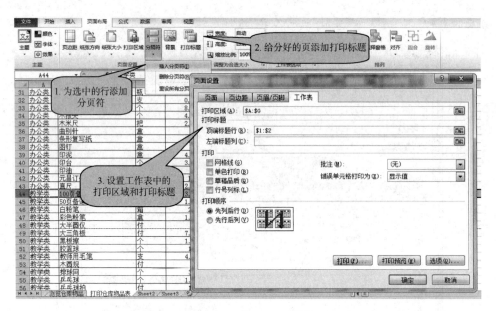

图 5-64　设置打印标题

第6步　打印此工作表,选择"文件"→"打印"命令,设置打印的份数和页数即可,如图5-65所示。

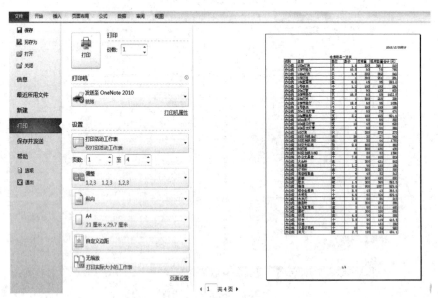

图 5-65　打印设置

## 小结

本单元学习 Excel 的综合应用,以案例驱动进行教学,将知识点融入案例实施中,通过完成教学任务,可以使学生掌握 Excel 的一些操作技巧,学会使用 Excel 进行数据的输入、编辑、统计、分析等操作;还学习了 Excel 中复杂的数据运算,数据处理,并能生成与之相关的报表、图表,应用图表分析和预测数据等一系列工作,解决工作、学习中的实际问题。

## 习题

### 一、单选题

1. Excel 2010 是(　　)。

　　A. 系统软件　　　B. 文字处理软件　　C. 电子表格软件　　D. 图形处理软件

2. 关于 Excel 表格的边框,下面的说法中正确的是(　　)。

　　A. 对选定的单元格区域必须加相同的四周和内部边框,如若不同则需要多次选择

　　B. 自动设置了网格线,无特殊要求则不需要加边框,在打印时会自动打印出来

　　C. 每个单元格的自动网格线标志在打印时并不显示

　　D. 边框有多样线形样式,但无多种颜色,只有字体可以设置多种颜色

3. 在单元格中(　　)。

　　A. 只能是数字　　　　　　　　B. 只能是文字

　　C. 可以是数字、文字和公式　　　D. 不可以是公式

4. 单元格区域选定(　　)。

　　A. 可以多于一个　　　　　　　B. 可以多于一个少于三个

　　C. 只能是一个　　　　　　　　D. 只能是三个

5. 下列关于删除操作说法正确的是(　　)。

　　A. 单元格和工作表均可以删除,并都能恢复

　　B. 单元格和工作表均可以删除,单元格删除能恢复,而工作表删除后不能恢复

　　C. 单元格和工作表均可以删除,并都不能恢复

　　D. 单元格和工作表均可以删除,单元格删除后不能恢复,而工作表删除后能恢复

6. 下列关于复制操作说法正确的是(　　)。

　　A. 复制的单元格区域数据不一定与被复制的数据完全相同

　　B. 复制的单元格区域数据一定与被复制的数据完全相同

　　C. 复制的单元格区域数据一定与被复制的数据的格式相同,数据可能变化

　　D. 复制的单元格区域数据只是与被复制的数据的格式可能不同,数据相同

7. 输入计算公式时,必须首先输入(　　)。

　　A. √　　　　　　　　B. 都不是　　　　　C. *　　　　　　　　D. =

8. 将 B2 单元格的公式" = A1 + A2"复制到单元格 C3 后,C3 的公式为(　　)。

　　A. = C1 + C2　　　B. = A1 + A2　　　C. = B1 + B2　　　D. = B2 + B3

9. 下列关于 Excel 图表的说法,正确的是(　　)。

　　A. 图表不能嵌入在当前工作表中,只能作为新工作表保存

B. 无法从工作表产生图表

C. 图表只能嵌入在当前工作中,不能作为新工作表保存

D. 图表既可以嵌入在当前工作表中,也能作为新工作表保存

10. 若要保护工作表的所有对象(单元格及剪贴画、图表等),必须在"保护工作表"对话框内选择以下复选框(　　)。

　　A. 其他三项都是　　　　　　　　B. 对象

　　C. 内容　　　　　　　　　　　　D. 方案

11. 下列关于 Excel 2010 的说法,不正确的是(　　)。

　　A. Excel 2010 只能制作表格,没有提供数据综合分析处理功能

　　B. Excel 2010 有着强大的表格制作功能

　　C. Excel 2010 提供了多种图表样式,可由表格直接生成各种图表

　　D. Excel 2010 与其他 Office 软件有着良好的合作关系

12. Excel 2010 的主要功能是(　　)。

　　A. 制作电子表格,并可进行初步的数据分析

　　B. 制作各类文字性文档

　　C. 数据库操作

　　D. 制作电子幻灯片

13. 要完全关闭整个 Excel 2010,下面方法中不正确的是(　　)。

　　A. 打开"文件"→"退出"命令

　　B. 按【Ctrl + F4】组合键

　　C. 双击窗口左上角 Excel 2010 图标

　　D. 单击窗口左上角 Excel 2010 图表,并单击下拉菜单中的"关闭"命令

14. 向 Excel 工作表的单元格输入内容后,在不做任何格式设置的情况下,下列说法正确的是(　　)。

　　A. 数字、日期数据右对齐　　　　B. 所有数据居左对齐

　　C. 所有数据居右对齐　　　　　　D. 所有数据居中对齐

15. 下列概念中最小的单位是(　　)。

　　A. 单元格　　　B. 工作簿　　　　C. 工作表　　　　D. 文件

16. 下列说法错误的是(　　)。

　　A. 若要选定几个相邻的行或列,可选定第一行或第一列,然后按住【Shift】键再选中最后一行或列

　　B. Excel 2010 不能同时选定几个不连续的单元格

　　C. 可以使用拖动鼠标的方法来选中多列或多行

　　D. 单击行号即可选定整行单元格

17. 如果想对工作簿进行加密,则应打开"审阅"中的哪个命令?(　　)

　　A. 自动更正　　　B. 方案　　　　C. 修订　　　　D. 保护

18. 在 Excel 2010 中,打印工作表时,表格线和行号列标(　　)打印出来。

　　A. 表格线可以打印但行号列标无法打印。

　　B. 会

　　C. 可以设置是否可以打印出来。

　　D. 不会

19. 在使用鼠标拖动方式进行单元格的复制时,配合鼠标使用的热键为(　　)。

　　A. Shift　　　　B. Ctrl　　　　　C. Alt　　　　　　　D. 其三选项全部错误

20. 在 Excel 中要选定一张工作表,操作是(　　)。

　　A. 用鼠标单击该工作表标签

　　B. 用鼠标将该工作表拖放到最左边

　　C. 选择"窗口"菜单中该工作簿的名称

　　D. 在名称框中输入工作表的名称

21. 在工作表中选定了一个连续的单元格区域后,如果需要用键盘和鼠标的组合操作再选定另一个连续单元格区域时,所用的键是(　　)。

　　A. Esc　　　　B. Shift　　　　C. Alt　　　　D. Ctrl

22. Excel 工作表最多有(　　)列。

　　A. 16　　　　　B. 255　　　　　C. 256　　　　　D. 1024

23. 一个 Excel 工作簿(其扩展名为 . xlsx)最多可以含有(　　)个工作表。

　　A. 16　　　　　B. 255　　　　　C. 3　　　　　　D. 254

24. 在 Excel 工作表的单元格中,下列输入(　　)是正确的公式形式。

　　A. A1 * D2 +100　B. A1 + A8　　　C. = 1. 57 * A3　D. SUM( A1 :D1)

25. 在 Excel 单元格内输入计算公式时,应在表达式前加一前缀字符(　　)。

　　A. 左圆括号"("　B. 等号" ="　　C. 美元号" $ "　　D. 单撇号" ' "

26. 选定表格的一行后,可进行(　　)操作。

　　A. 插入　　　　B. 删除　　　　C. 设置边框　　D. 以上都是

27. 对 Excel 工作区域 A2 :A6 进行求和运算时,在选中存放计算机结果的单元格后输入(　　)。

　　A. SUM( A2 :A6) B. = SUM( A2 :A6) C. = SUM( A2 ,A6) D. SUM( A2 ,A6)

28. 在单元格中输入: = Average( 10 , -3 ) - pi( ),则该单元格显示的值是(　　)。

　　A. 大于零　　　B. 小于零　　　C. 等于零　　　　D. 不确定

29. 在打印工作表前就能看到实际打印效果的操作是(　　)。

　　A. 仔细观察工作表　B. 打印预览　　C. 按 F8　　　　D. 分页预览

30. 在 Excel 单元格中输入(　　)使该单元格显示0.3。

　　A. " 0 6/20"　　B. " =0 6/20"　　C. "6/20"　　　　D. " =6/20"

31. 日期2003 年月7 月12 日在系统内部存储的是(　　)。

　　A. 7-12-03　　　B. 7、12、03　　　C. 12　　　　　D. 03 ,7 ,12

32. 在 Excel 图表中,没有的图形是( )。

  A. 柱形图   B. 条形图    C. 扇形图    D. 锥形图

33. Excel 的一个工作簿中默认包含( )个工作表。

  A. 32     B. 12     C. 3      D. 8

34. 合并两个相邻的单元格后,其原有的内容将( )。

  A. 全部保留  B. 部分保留  C. 全部丢失  D. 部分丢失

35. Excel 工作表标签栏(位于工作簿窗口的底部)上以白底黑字显示出的文件名是( )。

  A. 工作簿所包含的工作表名字   B. 正在打印的文件名

  C. 扩展名为 . xlsx 的文件名   D. 当前活动工作表的名字

36. 在 Excel 2010 中,数据筛选就是从数据清单中选取满足条件的数据,而将其中不满足条件的数据( )。

  A. 做上标记  B. 排在后面  C. 隐藏起来  D. 全部删除

37. 在 Excel 2010 中,工作表 Sheet2 中的 A6 单元格,应采用下列( )表示方式。

  A. Sheet2 A6  B. Sheet2! A6  C. Sheet2:A6  D. Sheet2 * A6

38. 在 Excel 2010 中,在工作表的一个单元格中输入文字时,默认的对齐方式是( )。

  A. 左对齐   B. 右对齐   C. 居中对齐  D. 分散对齐

39. 在 Excel 2010 中,如果要在当前工作表 Sheet2 的 B2 单元格中计算工作表 Sheet1 的 A1 单元格中的数据与工作表 Sheet3 的 A1 单元格中的数据相加之和,应输入公式( )。

  A. = A1 + A1      B. = Sheet1! A1 + A1

  C. = Sheet1! A1 + Sheet3! A1   D. = Sheet1A1 + Sheet2A1

40. 在 Excel 2010 中,设置好小数位数为 3 后,12345 将显示为( )。

  A. 12345. 000  B. 12. 345  C. 12345   D. 12,345

## 二、判断题

1. 单元格是 Excel 工作表的基本元素和最小的独立单位。      ( )

2. Excel 不仅能进行算术运算、比较运算,而且还能够进行文字运算。  ( )

3. Excel 是电子表格软件,不能插入图片。         ( )

4. Excel 能与 Word 进行数据交换。           ( )

5. 在单元格中输入数字,如果数字太长,Excel 将自动采用科学记数法显示数字。

                      ( )

6. 在 Excel 2010 中,输入公式时,除非特别指明,通常使用绝对地址来引用单元格的位置。                   ( )

7. 在 Excel 2010 中,要选定连续相邻的工作表,首先单击想要选定的第一个工作表,然后按住【Shift】键,并单击想要选定的最后一个工作表。    ( )

8. 在 Excel 2010 中,选定不连续工作表时,在按住【Ctrl】键的同时,单击想要选定的各

个工作表即可。 ( )

9. 在 Excel 2010 中,删除一个工作时,首先要选中要删除的工作表,然后执行"开始"→"删除工作表"命令。 ( )

10. 在 Excel 2010 中,要隐藏一个工作表,首先要选定它,然后选择"视图"→"隐藏"命令。 ( )

11. 在 Excel 2010 中,要保护一个工作表,可在工具菜中选择保护命令中的保护工作表项。 ( )

12. 在 Excel 2010 中,只能向工作表里插入剪贴画。 ( )

## 三、多选题

1. 在下列叙述中,正确的是( )。

A. Excel 2010 是基于 Windows 的电子表格处理软件

B. Excel 2010 中用来处理和存储工作数据的文件称为工作簿

C. 图表是工作表数据的图形描述,图表就是工作表

D. 单元格是工作表的基本元素和最小的独立单位,一个工作表中最多可以有 256 × 16 384 个单元格。

2. Excel2010 公式中使用的运算符包括( )。

A. 算术运算符: + - * / % ^

B. 求模运算符: MOD

C. 比较运算符: = < <= > >= <>

D. 连接运算符: &

E. 逻辑运算符: NOT AND OR

3. 可通过如下( )方法,选择活动单元格

A. 通过光标移动键选择新的活动单元格

B. 用鼠标器直接选择活动单元格

C. 用定位命令选择活动单元格:从"开始"→"查找和选择"命令,在"定位条件"对话框中选择的单元格,最后单击"确定"按钮

D. 用自动套用格式选择活动单元格

4. 在不同工作簿之间复制工作表的操作步骤为( )。

A. 打开要复制的工作表所在的源工作簿,选择要复制的一个或多个工作表

B. 从快捷菜单中选择"移动或复制工作表"命令,在"移动或复制工作表"对话框中,选择"建立副本"

C. 从快捷菜单中选择"移动或复制工作表"命令,在"移动或复制工作表"对话框中"工作簿"下拉列表中,选择目标工作簿的名字

D. 再从"移动或复制工作表"对话框的"下列选定工作表之前"列表框中,选择一个工作表,移动过去的工作表将放置在这个工作表之前

E. 最后单击"确定"按钮

5. 在一个新建立的工作表中,数字格式被约定为"常规"格式。用户可根据需要对数字格式进行格式化。定义数字格式的步骤是(　　　)。

    A. 选择需要定义数字格式的单元格或范围

    B. 从"开始"→"单元格"按钮,在"单元格格式"对话框中单击"数字"标签,根据实际需要从其中选择一种格式

    C. 从单击工作表标签,并选择快捷菜单"重命名",键盘输入新表名

    D. 最后单击"确定"按钮

6. 一个工作表,由(　　　)行,(　　　)列构成。

    A. 65 537       B. 256          C. 65 538

    D. 255        E. 65 536

7. 如果要对多个单元格输入相同的数据,可以按以下(　　　)操作步骤执行。

    A. 选定要输入数据的单元格区域。    B. 输入数据

    C. 同时单击【Ctrl】和【Shift】键。    D. 同时单击【Ctrl】和【Enter】键

    E. 同时单击【Enter】和【Shift】键

8. 用户要创建新的工作表,可执行(　　　)操作来完成。

    A. 执行"文件"→"新建"命令。    B. 执行"开始"→"插入"命令

    C. 单击"常用"→"新建"按钮。    D. 单击"格式"→"新建"按钮

    E. 执行 Ctrl + N。

9. 复制单元格中的数据的操作是(　　　)。

    A. 选定需要复制的单元格区域    B. 单击"开始"→"复制"按钮

    C. 选定目标单元格区域    D. 单击"开始"→"剪切"按钮

    E. 在目标单元格区域单击"粘贴"按钮。

10. 在 Excel 2010 中,要打开查找对话框,其操作可是(　　　)。

    A. 执行"开始"→"查找和选择"命令

    B. 执行"文件"→"查找和选择"命令  C. 快捷键方式【Ctrl + F】

    D. 快捷键方式【Ctrl + S】    E. 执行"视图"→"查找"命令。

11. Excel 2010 的应用范围有(　　　)。

    A. 制作普通表格    B. 模拟运算和方案管理

    C. 图表的设计    D. 进行数据库的设计

    E. 大量的函数计算

12. 在 Excel 2010 中,为工作表重新命名的方法是(　　　)。

    A. 在另存为对话框里重新输入一个名字

    B. 右键单击工作表名称,执行重命名命令

    C. 双击工作表的名称,再进行输入

    D. 执行格式菜单的工作表项的重命名命令

    E. 执行编辑菜单的工作表项的重命名命令。

13. 退出 Excel 2010 的操作可以是(　　)。

    A. 单击窗口右上角的"关闭"按钮

    B. 选择"窗口"菜单中的"关闭"命令

    C. 选择"文件"菜单中的"退出"命令

    D. 选择"视图"菜单中的"退出"命令

    E. 使用快捷键【Alt + F4】

14. 打开一个 Excel 2010 文件的操作可以是(　　)。

    A. 在磁盘中找到该文件打开它

    B. 在 Excel 2010 中,选择文件菜单中的打开命令

    C. 在 Excel 2010 中,选择窗口菜单中的打开命令

    D. 在 Excel 2010 中,使用快捷键【Ctrl + O】

    E. 在 Excel 2010 中,选择插入菜单中的打开命令

15. 在 Excel 2010 中,要对某个单元格中的文字颜色进行设置,可选择以下任一操作(　　)。

    A. 单击格式工具栏里的字体颜色按钮

    B. 单击常用工具栏里的字体颜色按钮

    C. 选择格式菜单中的单元格命令中的字体选项卡

    D. 右击,选择设置单元格格式命令中的字体选项卡

    E. 选择编辑菜单中的格式设置命令

# 单元 6

# PowerPoint综合应用

PowerPoint 简称 PPT,是一个标准的 Windows 类软件,它的启动和退出遵循 Windows 的操作规范,在这里不再详述。

PPT 的编辑文件称作演示文稿,它是幻灯片的集合,扩展名为 pptx,所以演示文稿又称 ppt 文件。PPT 还提供了一种专门用于放映的文件,其扩展名为 ppsx,ppsx 文件在 Windows 下双击可以直接运行。有关文件的操作包括新建、打开、保存、另存为等。

## 学习目标

- 能在 PPT 中插入文字、图片;
- 掌握 PPT 的设计方法;
- 能在 PPT 中使用超链接、切换与动作设置;
- 学在 PPT 中插入音频、视频文件。

## 6.1 制作幻灯片的静态部分

### 学习目标

- 能合理设置幻灯片的标题、文字;
- 能合理设置幻灯片的背景、版式、模板。

### 6.1.1 【案例1】添加幻灯片的标题、文字——中国高铁的发展

#### 案例描述

使用 PowerPoint 2010 插入新幻灯片,设置幻灯片的标题(主标题与副标题)。

## 技术准备

相关软件：PowerPoint 2010。

效果预览："图 6-4 标题设置效果预览""图 6-6 标题艺术字预览""图 6-8 副标题设置预览"。

## 操作流程

第 1 步　在桌面上找到 PowerPoint 2010 程序图标，双击打开 PowerPoint 2010，会自动新建一个 PPT 文档（如需新建文档，选择"文件"→"新建"→"空白文档"命令），如图 6-1 所示。

【案例1】中国高铁的发展

图 6-1　PowerPoint 2010 程序图标

第 2 步　在"开始"菜单"幻灯片"组"版式"下拉列表中选择"标题幻灯片"，如图 6-2 所示。

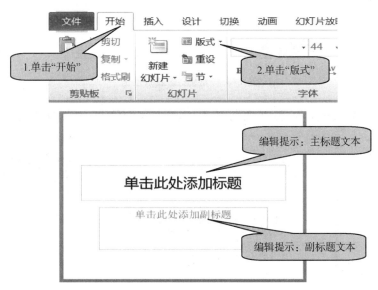

图 6-2　添加幻灯片标题

第 3 步　在主标题文本框中输入标题"中国高铁的发展"，字体为微软雅黑，字号 66，粗体，如图 6-3、图 6-4 所示。

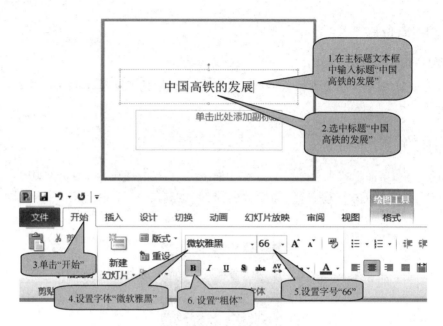

图6-3　幻灯片标题格式设置

图6-4　标题设置效果预览

第4步　设置艺术字为"渐变填充-蓝色,强调文字颜色1",如图6-5、图6-6所示。

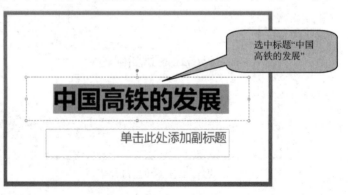

图6-5　标题艺术字设置

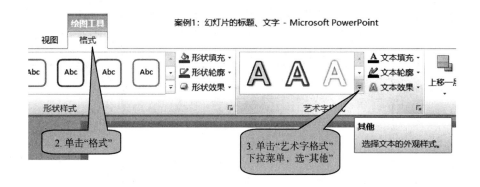

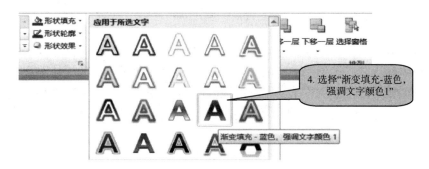

图 6-5 标题艺术字设置（续）

图 6-6 标题艺术字预览

第 5 步 在副标题文本框中输入标题"作者 XXX"，字体为微软雅黑，字号 32，设置对齐方式"右对齐"，如图 6-7、图 6-8 所示。

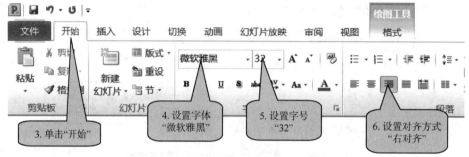

图 6-7　副标题格式设置

图 6-8　副标题设置预览

### 6.1.2　【案例2】幻灯片的版式、背景、模板的设置——中国高速铁路

案例描述

使用 PowerPoint 2010 对幻灯片进行版式、背景、模板的设置。

技术准备

相关软件：PowerPoint 2010、Word 2010。

案例素材：Word 文档"中国高速铁路.docx"。

效果预览："图 6-13 版式、背景预览""图 6-15 模板预览"。

## 操作流程

第 1 步　插入新幻灯片，选择"开始"→"新建幻灯片"→"版式"→"空白"版式，如图 6-9 所示。

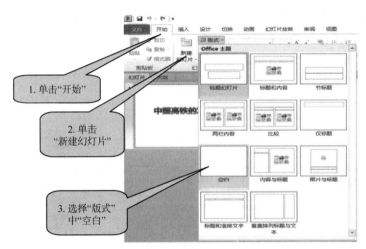

图 6-9　新建"空白"幻灯片

第 2 步　选择"插入"→"文本框"→"横排文本框"选项，双击，拖出一个横排文本框，在文本框中输入标题"中国高速铁路"，字体为微软雅黑，字号 28，并将文本框放置到中间偏上位置，如图 6-10 所示。

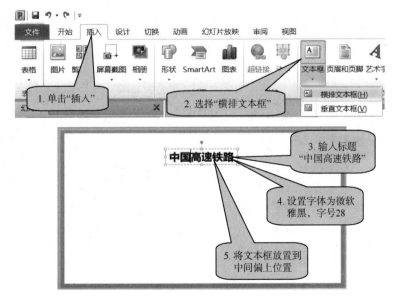

图 6-10　文本框与标题设置

第3步　选择"插入"→"文本框"→"横排文本框"选项，双击，拖出一个横排文本框，在文本框中输入内容"中国高速铁路（China Railway High-speed）……"，字体为宋体，字号18，并将文本框放置到中间位置，如图6-11所示。

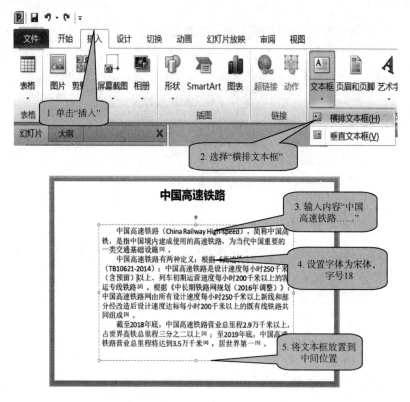

图6-11　内容设置

第4步　右击，在弹出的快捷菜单中选择"设置背景格式"命令，在"设置背景格式"对话框中选择"渐变填充"单选按钮，单击"预设颜色"的下箭头，选择"羊皮纸"作为背景色，如图6-12所示，效果预览如图6-13所示。

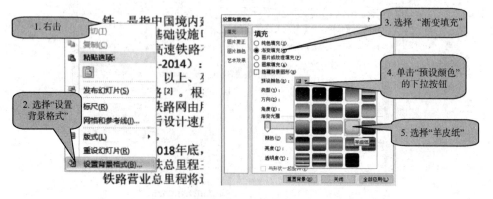

图6-12　设置背景

中国高速铁路

　　中国高速铁路（China Railway High-speed），简称中国高铁，是指中国境内建成使用的高速铁路，为当代中国重要的一类交通基础设施[1]。
　　中国高速铁路有两种定义：根据《高速铁路设计规范》（TB10621-2014）：中国高速铁路是设计速度每小时250千米（含预留）以上、列车初期运营速度每小时200千米以上的客运专线铁路[2]。根据《中长期铁路网规划（2016年调整）》：中国高速铁路网由所有设计速度每小时250千米以上新线和部分经改造后设计速度达标每小时200千米以上的既有线铁路共同组成[3]。
　　截至2018年底，中国高速铁路营业总里程2.9万千米以上，占世界高铁总里程三分之二以上[1]；至2019年底，中国高速铁路营业总里程将达到3.5万千米[4]，居世界第一[5]。

图 6-13　版式、背景预览

　　第 5 步　单击"设计"，再单击右侧的下箭头，选择"时装设计"模板，如图 6-14 所示，效果预览如图 6-15 所示。

图 6-14　模板设置

图 6-15　模板预览

## 知识链接

幻灯片版式是 PPT 提供的一种方便用户进行格式化设计的预设操作,通过使用幻灯片版式,用户可将文字、图片、表格、图表等放置到屏幕预定的位置,从而实现幻灯片之间格式统一的幻灯片版式,如图 6-16 所示。

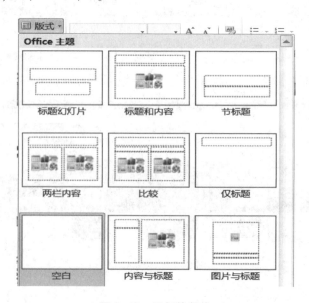

图 6-16　幻灯片版式

幻灯片版式分文字版式、内容版式、文字和内容版式、其他版式4类,PPT默认第一张幻灯片采用文字版式的标题幻灯片,根据需要,幻灯片也可采用其他版式。

幻灯片的背景指的是幻灯片的底色,PPT默认的幻灯片背景为白色。为了提高演示文稿的可视性,我们往往要改变幻灯片的背景,PPT提供了多种方法允许用户自行设计丰富多彩的背景。背景的种类包括纯色(见图6-17)、渐变(见图6-18)、图片或纹理(见图6-19)、图案(见图6-20)。

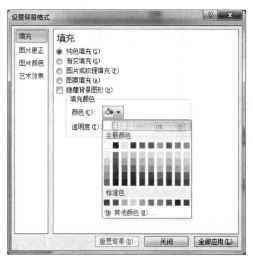

图6-17 纯色填充

图6-18 渐变填充

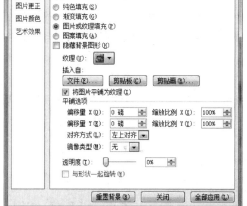

图6-19 图片或纹理填充

图6-20 图案填充

应用设计模板作背景,除了可以使用"背景"对话框设置背景外,PPT还提供了应用设计模板作背景。设计模板是一种PPT文件,其中规定了背景图像和各级标题的字体字号,可供用户直接使用。用户既可以使用PPT内置的设计模板,也可以自己制作设计模板供以后使用。

## 6.2 制作幻灯片的动态部分

### 学习目标

- 能合理设置幻灯片的超链接、切换效果;
- 能合理设置幻灯片的音频、视频与动作效果。

### 6.2.1 【案例3】幻灯片的超链接、切换设置——高速铁路发展历程

### 案例描述

使用 PowerPoint 2010 对幻灯片中的对象进行超链接设置,幻灯片的切换设置。

### 技术准备

相关软件:PowerPoint 2010、Word 2010。

案例素材:文件夹"案例3素材"中的 Word 文档"高速铁路发展历程.docx""案例3图片1.jpg""案例3图片2.jpg"。

效果预览:"图6-21 设置标题与内容1""图6-22 设置标题与内容2""图6-23 设置标题与内容3""图6-24 设置标题与内容4""图6-26 超链接预览1""图6-28 超链接预览2""图6-30 超链接预览3"。

【案例3】高速铁路发展历程

### 操作流程

第1步　插入新幻灯片,单击"开始","版式"选择"标题和内容"。

第2步　在标题框输入"高速铁路发展历程",字体为微软雅黑,字号40;内容框输入"自我探索与技术积累阶段""国外技术引进和消化吸收阶段""自主创新阶段",字体为宋体,字号32,如图6-21所示。

第3步　插入新幻灯片,单击"开始","版式"选择"标题和内容"。

第4步　在标题框输入"自我探索与技术积累阶段",字体为微软雅黑,字号40;内容框输入"1990年底完成了《京沪高速铁路线路方案构想报告》……",字体为宋体,字号25,如图6-22所示。

第5步　插入新幻灯片,单击"开始","版式"选择"标题和内容"。

第6步　在标题框输入"国外技术引进和消化吸收阶段",字体为微软雅黑,字号40;内容框输入"2003年铁道部提出了跨越式发展路线……",字体为宋体,字号25;将"案例3图片1.jpg"放置在两段文字中间,如图6-23所示。

第7步　插入新幻灯片,单击"开始","版式"选择"标题和内容"。

第8步　在标题框输入"自主创新阶段",字体为微软雅黑,字号40;内容框输入"2008年铁道部与科技部签署了……",字体为宋体,字号25;将"案例3图片1.jpg"放置在文字右下角,如图6-24所示。

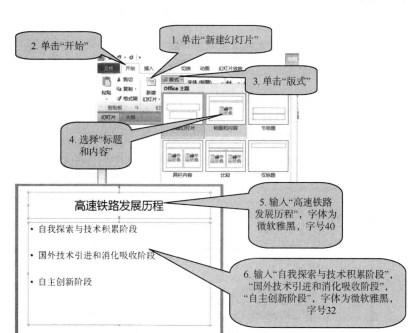

图 6-21 设置标题与内容 1

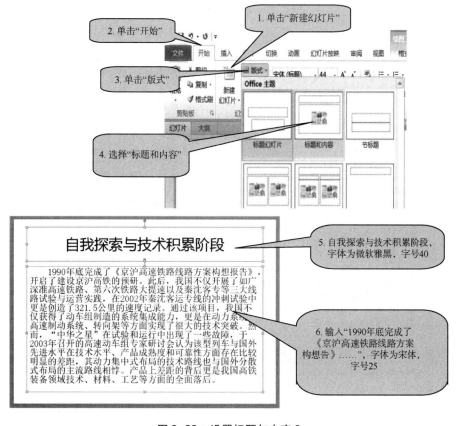

图 6-22 设置标题与内容 2

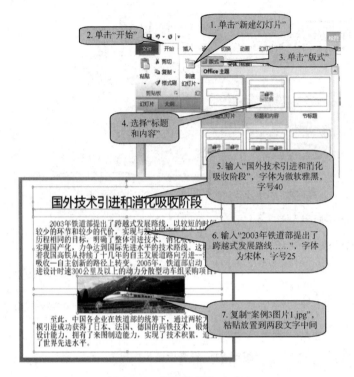

图 6-23　设置标题与内容 3

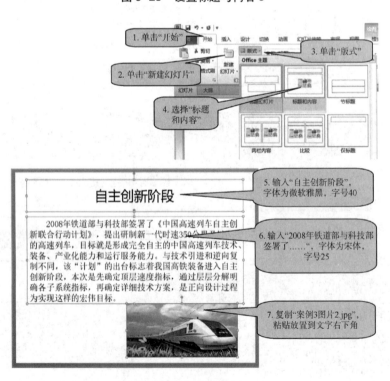

图 6-24　设置标题与内容 4

　　第9步　选择第一张幻灯片"高速铁路发展历程",选中"自我探索与技术积累阶段",单击"插入",再单击"超链接",在"插入超链接"对话框中选中"本文档中的位置",在选中"2. 自我探索与技术积累阶段",最后单击"确定"按钮,如图6-25、图6-26所示。

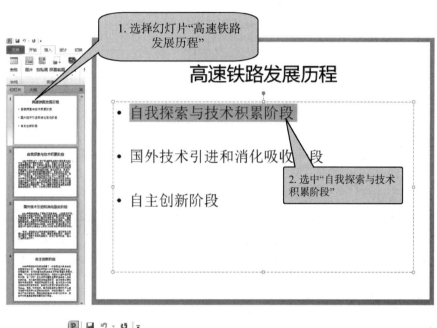

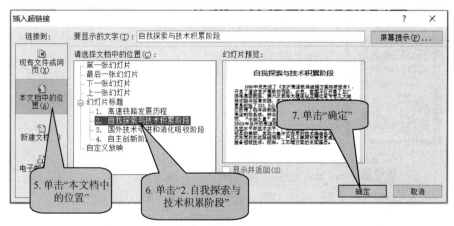

图6-25　超链接设置1

高速铁路发展历程

• 自我探索与技术积累阶段

• 国外技术引进和消化吸收阶段

• 自主创新阶段

图 6-26　超链接预览 1

第 10 步　选择第一张幻灯片"高速铁路发展历程",选中"国外技术引进和消化吸收阶段",单击"插入",再单击"超链接",在"插入超链接"对话框中选中"本文档中的位置",在选中"3. 国外技术引进和消化吸收阶段",最后单击"确定"按钮,如图 6-27、图 6-28 所示。

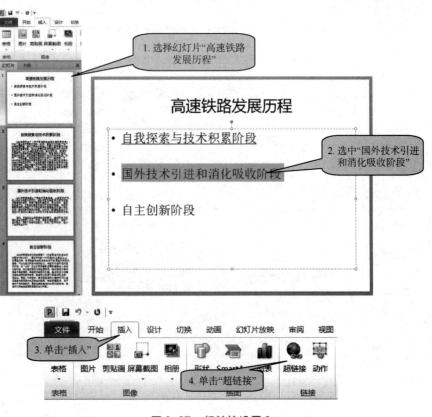

图 6-27　超链接设置 2

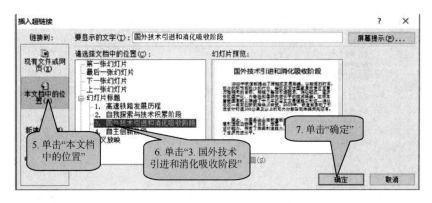

图 6-27　超链接设置 2 (续)

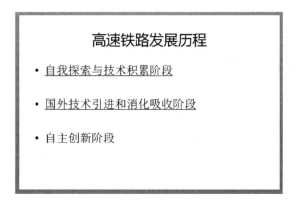

图 6-28　超链接预览 2

第 11 步　选择第一张幻灯片"高速铁路发展历程",选中"自主创新阶段",单击"插入",再单击"超链接",在"插入超链接"对话框中选中"本文档中的位置",在选中"4. 自主创新阶段",最后单击"确定"按钮,如图 6-29、图 6-30 所示。

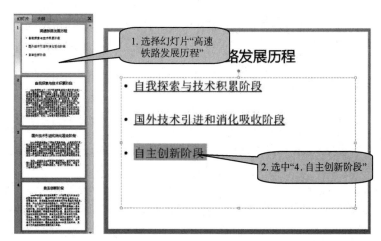

图 6-29　超链接设置 3

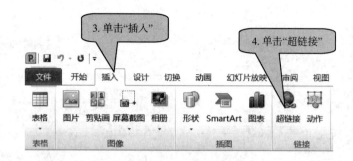

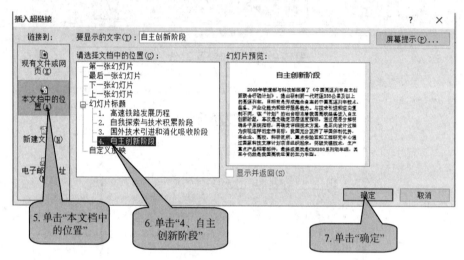

图 6-29　超链接设置 3（续）

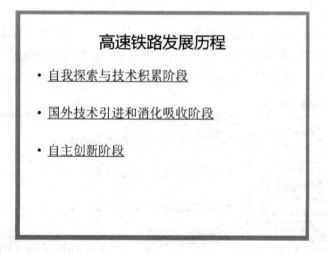

图 6-30　超链接预览 3

第 12 步　选择第一张幻灯片，单击"切换"，再单击下箭头，在"切换对话框"里选择"溶解"，设置"持续时间"为"2 s"，设置"切换方式"为"单击鼠标时"，如图 6-31 所示。

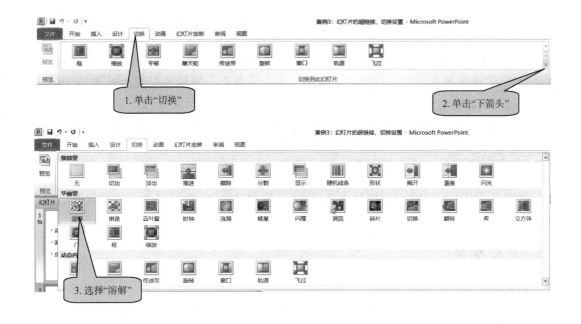

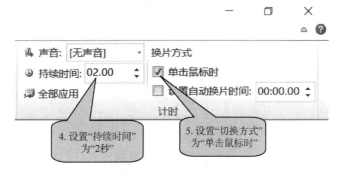

图6-31 幻灯片切换设置

第13步 按照步骤⑫的方法,设置第二张幻灯片的切换效果为"涡流",持续时间为1.5 s,切换方式为"单击鼠标时"。

第14步 按照步骤⑫的方法,设置第三张幻灯片的切换效果为"分割",持续时间为2.0 s,切换方式为"单击鼠标时"。

第15步 按照步骤⑫的方法,设置第四张幻灯片的切换效果为"平移",持续时间为1.5 s,切换方式为"单击鼠标时"。

### 知识链接

超链接指通过单击一个对象从而跳转到另一对象(幻灯片也是一种对象)的过程。其中前一个对象称作"源对象",后一个对象称作"目标对象"。源对象可以是文字、图片、图形,但不能是影片或声音(因为它们已被赋予了默认"播放"超链接且不能更改);目标对象可以是任意对象,包括幻灯片、网址、可打开的文件、可运行的程序和声音等。

幻灯片切换可以拥有动画效果,幻灯片内的对象也可以设置动画效果。对象动画可以发生在3种情况下:进入、强调和退出,进入指放映时对象通过动画进入到了幻灯片;强调指放映时对象已经在幻灯片上,做完动画后它仍然停留在幻灯片上;退出指放映时对象已经在幻灯片上,做完动画后它从幻灯片上消失。路径动画是一种特殊形式的动画,可以让对象按照设定的路径运动。

### 6.2.2 【案例4】幻灯片的音频、视频与动作设置——高铁机车欣赏

**案例描述**

使用 PowerPoint 2010 对幻灯片中进行音频、视频的嵌入,对幻灯片中的对象进行动作设置。

**技术准备**

相关软件:PowerPoint 2010。

案例素材:文件夹"案例4素材"中的图片文件"高铁机车 1. jpg""高铁机车 2. jpg""高铁机车 3. jpg""高铁机车 4. jpg",音频文件"天空之城 . mp3",视频文件"高铁视频集锦 . wmv"。

效果预览:"图 6-32 标题与图片""图 6-33 音频播放设置""图 6-34 视频播放设置""图 6-35 标题动画设置""图 6-36 图片动画设置"。

**操作流程**

【案例4】高铁机车欣赏

第1步 单击"开始",再单击"新建新幻灯片","版式"选择"标题和内容",输入标题"高铁机车赏析",按比例排列4张图片,如图6-32所示。

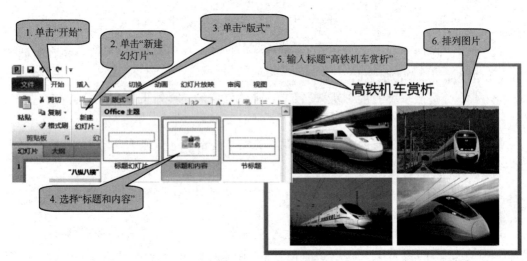

图 6-32 标题与图片

第 2 步　单击"插入",再单击"音频",打开"插入音频"对话框,打开"案例 4 素材"文件夹,选择"天空之城 . mp3",单击"插入"按钮,再单击已经插入的"音频文件图标",单击"播放",再单击"开始"选择"跨幻灯片播放",再在"放映时隐藏"前打勾,如图 6-33 所示。

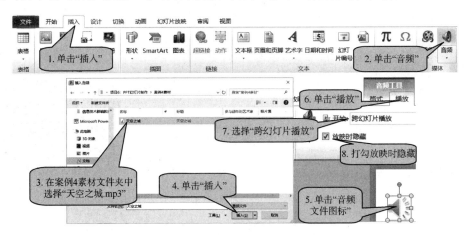

**图 6-33　音频播放设置**

第 3 步　单击"开始",单击"新建幻灯片","版式"选择"空白",单击"插入",再单击"视频",打开"插入视频文件"对话框,打开"案例 4 素材"文件夹,选择"高铁视频集锦. wmv",单击"插入"。再单击已经插入的"视频文件",单击"播放",在"开始"选择"自动",再在"未播放时隐藏"复选框前打勾,如图 6-34 所示。

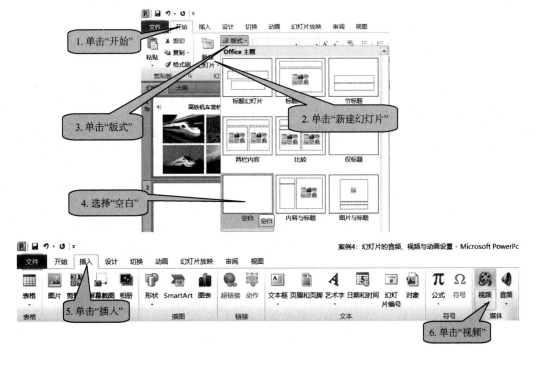

**图 6-34　视频播放设置**

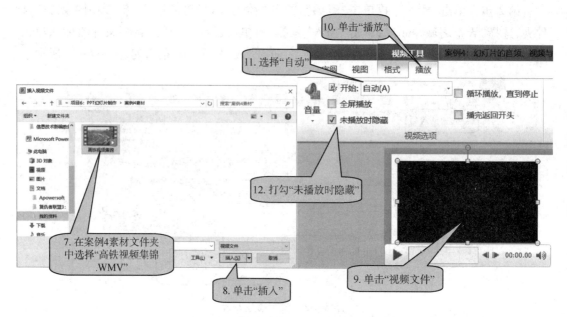

图6-34　视频播放设置(续)

第4步　单击标题"高铁机车赏析",单击"动画",在"效果选项"列表中选择"浮入",设置"持续时间"为1 s,如图6-35所示。

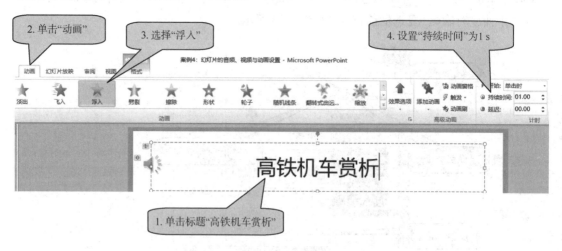

图6-35　标题动画设置

第5步　单击图片"高铁机车1.jpg",单击"动画",在"效果选项"列表中选择"轮子",设置"持续时间"为2 s,如图6-36所示。

第6步　按照步骤5,设置"高铁机车2.jpg"的"动画效果"为"缩放","持续时间"为1 s;设置"高铁机车3.jpg"的"动画效果"为"形状","持续时间"为2 s;设置"高铁机车4.jpg"的"动画效果"为"劈裂","持续时间"为1 s。

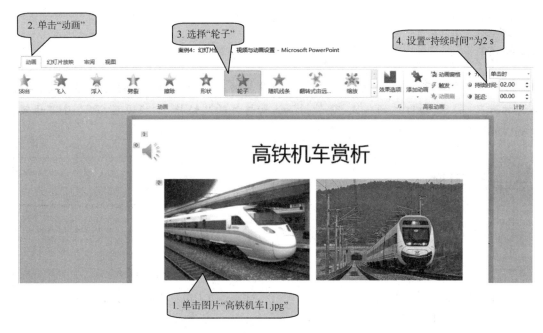

图 6-36　图片动画设置

### 知识链接

插入声音，声音指可被系统识别的外部声音文件。PPT支持的声音文件种类非常多，包括 mid、mp3、wav、wma 等，声音文件可从网络下载，也可通过录音软件录制，在插入声音前，最好把声音文件拷贝到与 PPT 文件相同的文件夹中。

声音插入到幻灯片后以一个"喇叭"图标来表示，该图标可以缩放，在编辑状态下双击可以试听，单击停止，若觉得该图标影响幻灯片的布局，可把它拖动到幻灯片之外，这并不影响放映时的播放。

插入影片指可被系统识别的外部视频文件。PPT 支持的视频文件种类非常多，包括 asf、avi、mpg、wmv 等，影片可从网络下载，也可从光盘截取，或者通过视频采集卡从视频源获取，在插入影片前，由于视频文件容量较大，为提高效率，应使用视频处理软件把有用部分截取出来，然后将截取出的视频文件拷贝到与 PPT 文件相同的文件夹中。

注：在 PowerPoint 2003、2007 里，我们发带有视频 PowerPoint 文件时，须要把视频和 PowerPoint 打包一起发给别人。从 PowerPoint 2010 开始就可以嵌入视频了，不必担心在传递演示文稿时会丢失视频文件（需要注意：在 PowerPoint 2010 里嵌入的视频，在 PowerPoint 2003、2007 里并不能正常播放）；PowerPoint 2010 对视频格式的兼容性不是太好，推荐扩展名 wmv 与 avi 格式的视频文件，其他视频文件格式可以用格式转化软件进行转化。

**小结**

本节主要学习了：幻灯片的制作过程，幻灯片的静态部分与幻灯片的动态部分，包括幻灯片的标题、文字，幻灯片的版式、背景、模板，幻灯片的超链接、切换设置，幻灯片中音频、视频、动作设置。

 **习题**

### 一、单选题

1. PowerPoint 2010 是（　　）。
   A. Windows NT 的组件之一　　　　B. 一个独立的应用软件
   C. Windows 7 的组件之一　　　　D. Microsoft Office 2010 的组件之一

2. 为使幻灯片具有统一的外观，应采用（　　）。
   A. 统一的动作按钮　　　　B. 统一的配色方案
   C. 应用设计模版　　　　D. 统一的动画效果

3. 在幻灯片中添加动作按钮是为了（　　）。
   A. 利用动作按钮制作幻灯片
   B. 使其具有更好的动画效果
   C. 实现演示文稿中幻灯片的跳转功能
   D. 利用动作按钮控制幻灯片的外观

4. PowerPoint 2010 系统默认的视图方式是（　　）。
   A. 大纲视图　　B. 幻灯片浏览视图　C. 普通视图　　　D. 幻灯片视图

5. 在 PowerPoint 2010 中，不能编辑幻灯片内容的视图模式是（　　）。
   A. 大纲视图　　B. 幻灯片视图　　C. 普通视图　　　D. 幻灯片浏览视图

6. 在 PowerPoint 2010 中，选择连续多张幻灯片，应借助于（　　）键。
   A. Alt　　　　B. Tab　　　　C. Ctrl　　　　D. Shift

7. 在 PowerPoint 2010 中，以（　　）的后缀保存演示文稿。
   A. .mdb　　　　B. .docx　　　　C. .rar　　　　D. .pptx

8. 只有在（　　）视图下，"超级链接"功能才能起作用。
   A. 普通　　　　B. 幻灯片放映　　C. 幻灯片浏览　　D. 大纲

9. 在 PowerPoint 2010 中，幻灯片母版是（　　）。
   A. 统一文稿各种格式的特殊幻灯片
   B. 用户自行设计的幻灯片模板
   C. 用户定义的第一张幻灯片，以供其他幻灯片调用

D. 幻灯片模板的总称

10. 在 PowerPoint 2010 可以插入的内容有(　　)。

　　A. 文字、图表、图像　　　　　B. 声音、电影

　　C. 幻灯片、超级链接　　　　　D. 以上几个方面

## 二、判断题

1. 幻灯片就是演示文稿。　　　　　　　　　　　　　　　　　　(　　)

2. 在 PowerPoint 2010 中文稿只能保存为 pptx 类型。　　　　　(　　)

3. 在 PowerPoint 2010 中文稿可以保存为 pptx 或兼容版式。　　(　　)

4. 在 PowerPoint 2010 中,幻灯片母版是用户自行设计的幻灯片模板。　(　　)

5. 在 PowerPoint 2010 视图方式有阅读版式试图、大纲视图、幻灯片浏览视图、备注页视图等。　　　　　　　　　　　　　　　　　　　　(　　)

6. 在 PowerPoint 2010 幻灯片浏览视图中可以编辑幻灯片。　　(　　)

7. 在 PowerPoint 2000 幻灯片视图中可以编辑幻灯片。　　　　(　　)

8. 使幻灯片具有统一的外观,应采用统一的动画效果。　　　　(　　)

9. PowerPoint 2010 在网络方面的主要功能有,保存 Web 页,保存动画和多媒体、自动调整在 IE 中演示大小,用浏览器演示文稿。　　　　　　　　(　　)

10. PowerPoint 2010 有友好的界面,实现了大纲、幻灯片和备注内容的同步编辑。

(　　)

# 单元 7

# 简单多媒体处理技术

　　随着多媒体技术的不断发展和广泛应用，多媒体已经进入到我们的工作、学习和生活的方方面面，各种音、视频、图形图像、动画等媒体大量出现在我们的计算机和手机里，多媒体的转换、播放、处理、传输等技术也成为计算机信息技术的主要内容之一。

## 学习目标

- 认识各种多媒体文件及其特点；
- 学习简单图像处理技术；
- 掌握常用的音、视频处理技术；
- 掌握常用软件使用技术。

## 7.1　简单图片处理技术

### 学习目标

- 理解各种常见的图片文件格式及其特点；
- 能使用看图软件，改变图片的大小和格式；
- 能使用各种图片工具软件快速处理图片；
- 能使用 Photoshop 软件简单加工图片。

### 7.1.1　【案例1】快速图片处理——八九点钟的太阳

#### 案例描述

　　请使用光影魔术手软件，将两张素材图片："人物图.jpg""太阳图.jpg"，迅速合成为一张效果图,通过两种方式来表达主题"八九点钟的太阳"。

## 技术准备

相关软件:光影魔术手。

案例素材:"人物图.jpg""太阳图.jpg"。

效果预览:"艺术合成1.jpg""艺术合成2.jpg""胶片效果.jpg""邮票边框.jpg"。

## 操作流程

第1步　安装和运行软件"光影魔术手"。

打开"光影魔术手.rar"压缩包,解压后直接运行"nEOiMAGING.exe"文件,即可启动光影魔术手。

第2步　熟悉软件界面菜单,打开"人物图"。

在光影魔术手软件中打开"单元七案例"→"1.八九点钟的太阳"→"素材"中的"人物图.jpg",如图7-1所示。

【案例1】八九点钟的太阳

图7-1　打开"人物图"

第3步　使用"多图边框"效果。

找到"边框"按钮,下拉菜单"多图边框"选项,选择"JiaJia"效果中的Jia200705260,如图7-2所示。

第4步　单击"+"按钮添加太阳图片。

单击"+"按钮,添加"单元七案例"→"1.八九点钟的太阳"→"素材"中的"太阳图.jpg"图片,如图7-3所示。

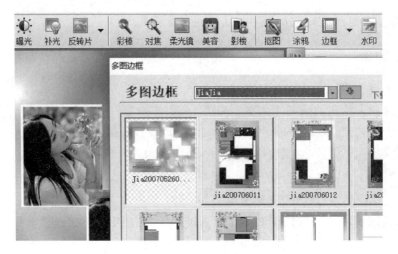

图 7-2　使用多图边框"JiaJia"效果

图 7-3　单击"＋"按钮添加太阳图片

第 5 步　作品"八九点钟的太阳"效果。

单击"预览"按钮后可生成最终效果,如图 7-4(a)所示,保存后,交换图片,生成最终效果 2,再次保存,如图 7-4(b)所示。

　　　　　　　　(a)　　　　　　　　　　　　　　　　　　　(b)

图 7-4　"八九点钟的太阳"效果图片

所有作品图片保存为 JPG 格式。

 知 识 链 接

常见图片 4 种格式 jpg、gif、png 和 bmp。

bmp：是无损无压缩的,色彩丰富,但文件大（注：存储空间大）。

jpg：是进行了有损压缩,不影响人类可分辨质量,文件小。

gif：只能存在 256 种色,文件小,支持动画以及透明。

png：GIF 格式替代者,16 位色,支持透明。

第 6 步　进一步熟悉和使用软件功能。

熟悉"光影魔术手"软件的特殊功能,各种边框效果,使用图片裁剪,对焦模糊等,探索练习,完成人物裁剪撕边胶片效果,如图 7-5（a）所示,完成对焦模糊邮票边框效果,如图 7-5（b）所示。

（a）　　　　　　　　　　　　　　　　　　（b）

图 7-5　"八九点钟的太阳"效果图片

## 7.1.2 【案例 2】快速图片处理——月下花

案 例 描 述

请使用"俪影 2046"软件,将 3 个头像图："头像 1.jpg""头像 2.jpg"和"头像 3.jpg"融入到一张底图"月下花.jpg"中、迅速合成为一张效果图,完成作品"四图融合效果"。

技 术 准 备

相关软件：俪影 2046。

案例素材："月下花.jpg""头像 1.jpg""头像 2.jpg"和"头像 3.jpg"。

效果预览："四图融合效果.jpg"。

【案例2】月下花

### 操作流程

第1步　安装和运行软件"俪影2046"。

打开"PhotoCollage. rar"压缩包,解压后,进入"俪影2046"目录进行安装,然后双击"俪影2046. exe",运行,即可启动俪影2046。

### 知识链接

常用软件的安装和运行。

直接运行:免费软件,不写入系统注册表,解压后单击软件包中exe可执行文件,即可启动运行。

安装后运行:通常单击"setup. exe"安装文件,需要安装,写入注册信息,有的还需要重启系统,才能运行,软件一般比较大。

注册后运行:运行前需要输入注册信息,一般是付费软件。比如:许多正版杀毒软件。

第2步　熟悉软件界面菜单,打开素材图片。

在"俪影2046"软件中打开"单元七案例"→"2.月下花"→"素材"中的"月下花. jpg",调整图片在显示界面中的大小位置。再导入图片"头像1. jpg",对头像1使用蒙板→蒙板模板→选择适合的板版,如图7-6所示。

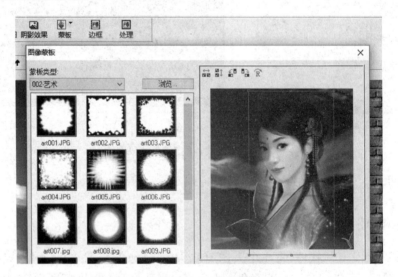

图7-6　头像1使用蒙板

第3步　选择适合的蒙板,完成四图融合头像蒙板。

进一步熟悉"俪影2046"的重要功能"蒙板",选择适合的蒙板效果完成头像2的融合效果,对头像3使用"蒙板→自制模板"→"设计多边形蒙板",完成四图融合头像蒙版效果,如图7-7所示。

图 7-7　作品"四图融合效果"效果

第 4 步　选择的对象保存图片。

在"俪影 2046"软件中先选中"月下花",然后单击"文件"→"选择的对象另存为图像"命令,名称为"四图融合效果"完成作品,如图 7-8 所示。

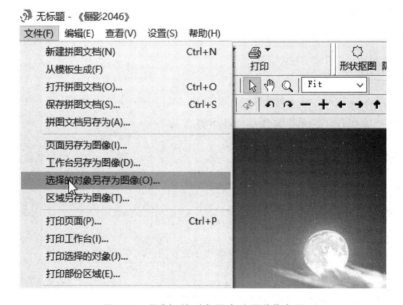

图 7-8　"选择的对象另存为图像"选项

第 5 步　进一步熟悉和使用软件功能。

熟悉"俪影 2046"软件的重要功能:使用自制蒙板,形状抠图,卡片边框效果等,探索练习,完成"月下花"的卡片效果图,如图 7-9 所示。

图7-9　形状抠图＋卡片边框效果图

所有作品图片保存为 jpg 格式。

### 7.1.3　【案例3】快速图片处理——照片美容

**案例描述**

请使用美图秀秀软件,将人物图片:"脸部图.jpg",进行美化处理,经过皮肤美白、磨皮祛痘、唇彩、腮红等操作,完成美容作品"照片美容"。

**技术准备**

相关软件:美图秀秀。

案例素材:"脸部图.jpg"。

效果预览:"照片美容.jpg"。

**操作流程**

【案例3】照片
美容

第1步　安装和运行软件"美图秀秀"

打开"mtxiuxiu.zip"压缩包,解压后安装美图秀秀,安装完成后单击桌面上的"美图秀秀"图标即可启动美图秀秀。

第2步　熟悉软件界面菜单,打开"脸部图"。

在美图秀秀软件中打开"单元七案例"→"案例3:照片美容"→"素材"中的"脸部图.jpg",如图7-10所示。

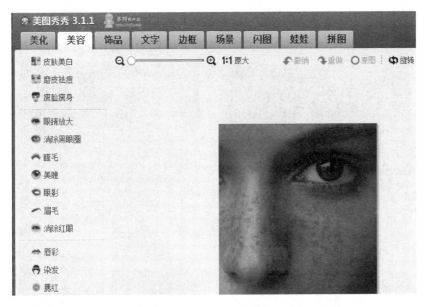

**图7-10    打开"脸部图"**

第3步    使用"美图秀秀"的美白、磨皮效果。

原图比较黑,有许多的痘疤,如图7-11(a)所示,找到"皮肤美白"按钮,选择右侧的中等美白,单击"应用"按钮,效果如图7-11(b)所示。然后进行祛痘,单击"磨皮祛痘"按钮,然后在图片中有痘的地方用鼠标磨皮,确认后,再次单击"磨皮祛痘"按钮,多次磨皮,直至满意为止,效果如图7-11(c)所示。

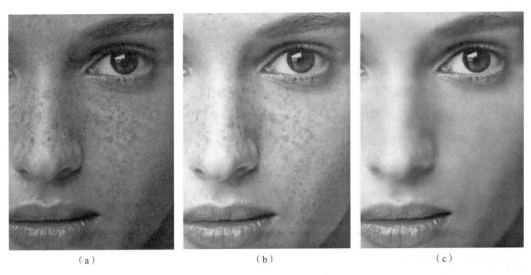

　　(a)　　　　　　　　　　(b)　　　　　　　　　　(c)

**图7-11    原图,美白,多次磨皮效果**

第4步    为图片添加腮红,唇彩。

单击"腮红"按钮,选择右侧合适的腮红效果,添加后进行大小调整,单击"应用"按钮,效果如图7-12(a)所示。单击"唇彩"按钮,选取合适的颜色,调整画笔大小,涂抹嘴唇后,单击"应用"按钮,如图7-12(b)所示。

（a）　　　　　　　　　　　　（b）

图7-12　腮红,唇彩

第5步　完成保存作品。

完成作品,保存为"照片美容.jpg"。

### 7.1.4　【案例4】图片综合处理——核心价值观

**案例描述**

使用Photoshop软件进行背景图的加工制作,结合Office的Word图文排版操作,录入文字"社会主义核心价值观"和"樱花图"进行红绿蓝3个色系的排版,要求版面色系统一,字体合适,美观清晰,正好一页版面。

**技术准备**

相关软件:Photoshop。

案例素材:"樱花图.jpg"。

效果预览:"红.png""绿.png""蓝.png"。

**操作流程**

第1步　安装和运行Photoshop软件。

这里我们使用Photoshop软件,安装软件后,只需双击Photoshop快捷图标,就可以启动Photoshop了。

【案例4】核心价值观

第2步　熟悉软件界面菜单,新建一个图片。

在 Photoshop 软件中,上面是菜单栏,左边是工具栏,右边是状态和属性栏,中间是工作区,现在我们新建一个图片文件,选择"文件"→"新建"选项,在"新建"对话框中,设置宽度1 000 像素,高度1 500 像素,单击"确定"按钮,如图7-13 所示。

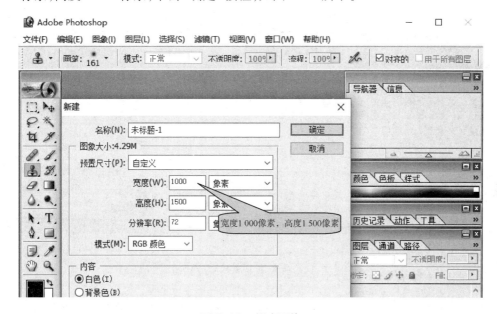

图7-13　新建图片

知 识 链 接

像素 px 与点 pt 的区别。

px,即是 pixel(像素)。是屏幕上所显示的最小单位,当设计的目的是用于供屏幕浏览,则趋向于使用 px,以方便掌握细节。

pt,即是 point,是一个标准的长度单位。定义上1pt =1/72 英寸,而如果是为了做输出打印的需求,使用 pt 则是较好的选择。

Windows 系统一般设定 96dpi,1px =0.75pt。

第3步　选择"背景"图层,红色渐变填充。

新建的图片文件在 Photoshop 中只有一个"背景"图层,现在对它进行红色渐变填充,操作如下:单击渐变工具,展开填充样式选项,选择黑白双色填充,如图7-14(a)所示。设置两个红色色标,单击色标可以设定颜色,请选择浅红色,在标尺的中间位置,双击鼠标,可以添加色标,如法添加两个白色色标,如图7-14(b)所示。单击"确定"按钮以后回到背景图层,鼠标斜线拖动填充,即可完成渐变填充,如图7-14(c)所示。

第4步　羽化选区,移动图片。

然后要将樱花图片制作到新建图片中,为达到融合效果,需要使用选区、羽化、移动等操作。选择"文件"→"打开"命令,选择樱花图素材,打开樱花图,选择椭圆选区,设置羽化为30,如图7-15(a)所示。在樱花图中进行拖画,得到需要的椭圆选区,单击选择移动工具,将选区从樱花图中拖到背景图中去,如图7-15(b)所示。同理再做一次,可以得到两个樱花效果,选择相应的图层,然后拖动可以调整它们的位置,如图7-15(c)所示。

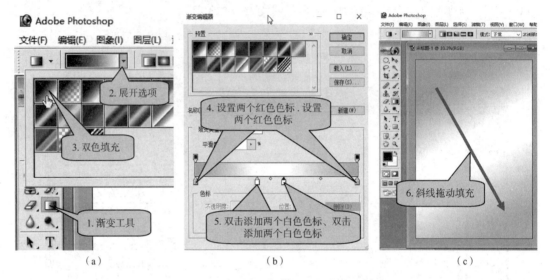

图7-14　红色渐变填充"背景"图层

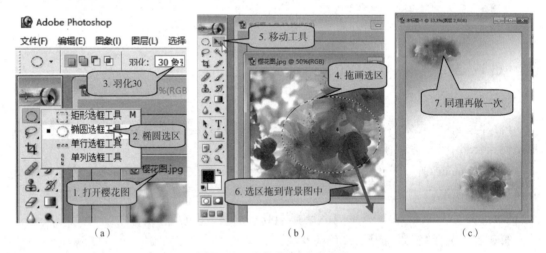

图7-15　羽化选区,移动图片

第5步　保存文件,制作绿、蓝效果。

保存新建图片为源文件"红背景.psd",便于将来修改使用,然后另存为目标文件"红.jpg",然后再次单击渐变工具,重设两个色标为浅绿色,如图7-16(a)所示,选择背景图层填充绿色,如图7-16(b)所示。然后另存为目标文件"绿.jpg"。同理制作目标文件"蓝.jpg"。

第6步　制作核心价值观的3种色系效果的 Word 文档。

打开 Word 新建 Word 文档,插入图片"红.jpg",录入文字:"社会主义核心价值观",进行图文混合排版,图片置于底层,布满可编辑区,文字选择适当的大小、字体和颜色,根据页面大小进行布局,插入艺术字标题"核心价值观",预览效果,保存文件为"红色系.doc"。同理,完成"绿色系.doc""蓝色系.doc"的制作,效果如图7-17所示。

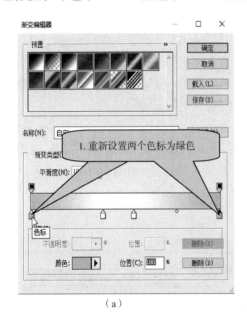
（a）

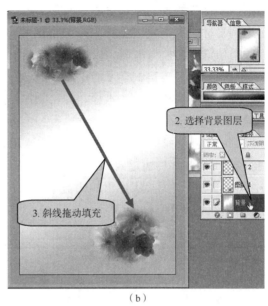
（b）

图7-16　羽化选区,移动图片

图7-17　3种色系的 Word 文档效果图

## 7.1.5　【案例5】图片综合处理——人与自然

### 案例描述

"抠图"是 Photoshop 常见的操作技术,在本案例中将使用"索套抠图"和"通道抠图",把人物和荻花从图片中分离出来,放到新的背景图片中,重新调整位置、大小、色调等使之合成为一副风格统一的作品"人与自然"。

## 技术准备

相关软件：Photoshop、ACDsee 看图软件。

抠图素材："柳枝.jpg""水稻.jpg"。

案例素材："人.jpg""荻花.jpg""自然1.jpg""自然2.jpg""自然3.jpg"。

效果预览："柳枝与水稻.jpg""人与自然1.jpg""人与自然2.jpg""人与自然3.jpg"。

"通道抠图"是本案例学习的重点，也是难点。为确保学习容易进行，先进行一个技术铺垫，使用素材"柳枝.jpg""水稻.jpg"，制作作品"柳枝与水稻.jpg"。

第1步　比较、选择和复制通道。

在 Photoshop 中打开图片"柳枝.jpg""水稻.jpg"。复制通道操作：选择水稻图，查看通道，比较红、绿、蓝3种通道效果，选择主体和背景反差最大的通道，如图7-18(a)所示。这里选择"蓝通道"，右击，从弹出的快捷菜单选择"复制通道"命令，在弹出的对话框中单击"确定"按钮，如图7-18(b)所示。

（a）　　　　　　　　　　　　　　　　　（b）

图7-18　选择和复制"蓝通道"

第2步　在"蓝副本"中载入选区。

选择刚生成的"蓝副本通道"，选择"选择"→"载入选区"命令，如图7-19(a)所示，弹出"载入选区"对话框，勾选"反相"复选框（注：默认选白色，反相选黑色），单击"确定"按钮，如图7-19(b)所示。

第3步　移动选区内容到背景图片中。

出现选区效果后，回到图层面板，选择背景图层，如图7-20(a)所示，然后选择移动工具，拖动"水稻图片"的选区内容到"柳枝图片"中，如图7-20(b)所示，另存为图片"柳枝与水稻.jpg"完成作品。

（a）　　　　　　　（b）

**图 7-19　在"蓝副本"中载入选区**

（a）　　　　　　　（b）

**图 7-20　移动选区"水稻"到背景图片中**

### 操作流程

**第 1 步　使用索套抠图选取人物**

在 Photoshop 中打开"单元七案例"→"案例 5：人与自然"→"素材"中的"自然 1.jpg"和"人.jpg"图片。下面我们使用索套选取人物，操作如下：选择"索套工具"中的"磁性索套"，围绕人物拖画，环绕封闭后双击得到选区，如果有漏选的部分，单击"添加选区"按钮，再拖画进行添加，如果有选多的部分，单击"减去选区"按钮，再拖画进行减除，如图 7-21（a）所示。选区调整满意以后，单击移动工具，拖放移动人物到背景图"自然 1.jpg"中，如图 7-21（b）所示。

【案例 5】人与自然

第2步 转换图片格式打开荻花。

打开"单元七案例"→"案例5：人与自然"→"素材"中的"荻花.jpg"图片(特别说明：这里的"荻花.jpg"图片实际格式 png，需要在 ACDsee 看图软件中进行格式转换，将格式转为"荻花.png"，否则 Photoshop 可能打不开)。

（a）

（b）

图 7-21 使用索套选取人物

第3步 使用通道抠图选取荻花。

下面使用通道选取荻花，操作如下：选择"荻花"图片，从图层面板转到通道面板，通过观察，蓝通道图像反差效果最好，复制蓝通道得到蓝副本，如图 7-22(a) 所示。选择蓝副本，选择菜单中的"图像"→"调整"→"色阶"选项，弹出"色阶"对话框，调整色阶，使荻花变黑，单击"确定"按钮，如图 7-22(b) 所示。选择菜单中的"选择"→"载入选区"，打开"载入选区"对话框，勾选"反相"，单击"确定"按钮，如图 7-22(c) 所示。从通道面板返回到图层面板，选择移动工具，移动荻花到背景，调整荻花和人物图层的顺序，将人物的图层拖动到最上层，如图 7-22(d) 所示。

第4步 使用滤镜，调整亮度、对比度。

荻花经过通道抠图，移动到背景后，发现荻花周围还有许多白边，而且荻花明亮，背景黑暗，不和谐，效果还不够理想，下面将使用滤镜来处理白边，并调整荻花的亮度和对比度，操作如下：选择荻花图层，选择菜单的"滤镜"→"风格化"→"扩散"命令，做两次扩散效果，如图 7-23(a) 所示。打开菜单的图像的"调整"→"亮度/对比度"，拖动滑动条，降低亮度、对比度，单击"确定"按钮，如图 7-23(b) 所示。

第5步 调整人物大小，抹去背景文字。

人物进入的新的场景中后，大小需要调整，场景的右下角还有一些影响美观的文字，需要抹除，操作如下：选择人物图层，打开"编辑"→"变换"→"缩放"选项，因为是人物图像，不能随意拖放拉伸，否则会扭曲，所以要保持比例缩放，输入宽80%，高80%，如图 7-24(a)

所示。选择背景图层,单击图章工具,按住【Alt】键,在需要引用的图像内容处单击鼠标定位,然后放开【Alt】键,在文字处拖动鼠标抹除文字,如图7-24(b)所示。

图7-22　使用通道选取荻花

第6步　保持源文件和目标文件,完成作品。

调整大小,作品"人与自然1"完成,保存源文件"人与自然1.psd"目标文件"人与自然1.jpg",如图7-25(a)所示。同理完成另外两幅图(提示:人与自然2,荻花需要使用图像"调整"→"色相/饱和度",调整为红色调。人与自然3,荻花需要复制3份,并调整大小和位置),同样保存源文件和目标文件,如图7-25(b)、(c)所示。

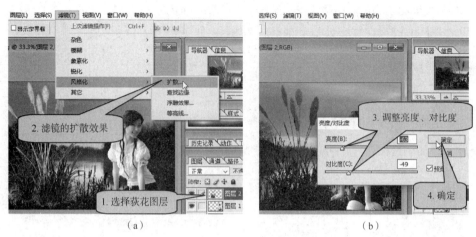

图 7-23　使用滤镜,调整亮度

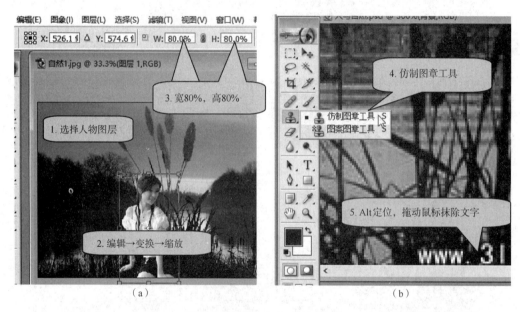

图 7-24　调整大小,抹去文字

（a）

图 7-25　完成 3 幅"人与自然"效果

（b）

（c）

图 7-25　完成 3 幅"人与自然"效果（续）

## 7.2　简单音、视频处理技术

### 学习目标

- 认识各种常见的音、视频文件格式及其特点；
- 能选择适合的软件工具播放和转换各种音、视频文件；
- 能使用相关软件录音、录屏获取音、视频；
- 能进行音、视频文件的后期简单加工和处理；
- 能完成常见办公文件 docx 和 pdf 之间的转换。

### 7.2.1　【案例6】音、视频文件播放——播放总动员

#### 案例描述

请选择适当的播放软件，在计算机中顺利播放各种常见的音、视频媒体文件。

音频格式有：*. wav、*. wma、*. mp3、*. mid。

视频格式有：*. avi、*. wmv、*. mp4、*. rmvb、*. flv、*. dat、*. swf。

#### 技术准备

相关软件：千千静听、PotPlayer 播放器、FlashPlayer。

案例素材："婴儿. wav""橄榄树. wma""昨夜星辰. wma""心如蝶舞. mp3""烟影如画. mp3""背景音乐. mid""稻田小路. avi""梦入桃花源. wmv""古剑奇谭. mp4""于丹论语. rmvb""烟影如画. flv""蝶儿蝶儿满天飞. dat""今夜又见落花飞. swf""飘摇. swf"。

效果文件："歌词排版. doc""飘摇. exe"。

#### 操作流程

第 1 步　认识常见的视频文件格式。

在本案例中我们提供了许多常见的视频文件,认识常见的视频格式,有助于大家根据文件的不同了解文件的类型,以便进行播放和后期的加工和处理等工作。区分视频文件格式主要查看文件的后缀名,目前计算机视频 wmv 和 rmvb 格式较通用,手机比较通用 mp4 格式,网络视频一般使用 flv 格式。当然还有很多不太常见的视频格式。

 **知 识 链 接**

常见视频文件格式 avi、wmv、mp4、rmvb 和 flv。

avi:比较早的原始视频格式,无压缩,色彩丰富,但文件存储空间大。

rmvb:简称 rm,是由 Real Networks 开发的一种视频文件格式,压缩,比较早期。

wmv:是微软的视频编解码格式,压缩,更适合计算机播放,asf 是其封装格式。

mp4:一些外部播放装置(比如手机、mp4 等)播放的格式,还有 3gp 格式等。

flv:随 Flash MX 推出的视频格式,各在线视频网站很多采用此格式。

**第2步** 音、视频文件的播放问题。

Windows Media Player 是 Windows 系统自带的播放器,能播放常规的一些视频格式,请同学们试一试,打开本案例提供的视频文件,谈一谈原因和自己的解决思路。

在实际生活和工作中,常常出现音、视频文件无法播放的问题,如图 7-26 所示:(a)图是系统识别了后缀名,但是需要下载安装播放软件;(b)图是系统不能识别后缀名,不知道是什么文件。发生这些问题时,通常需要安装播放软件,如"暴风影音""腾讯视频"和"爱奇艺视频播放器"等,即便是安装软件,时常跳出广告,支持的格式又不够多,仍不够理想。

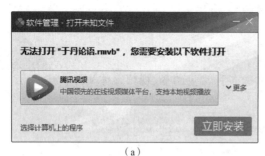

(a)　　　　(b)

**图 7-26 文件不能打开播放**

**第3步** 使用"PotPlayer 播放器"播放视频。

根据上述的分析,能否找到一个方便功能全面的播放器呢?答案是肯定的。使用"PotPlayer 播放器"播放视频,这是一个支持多种格式的媒体播放器,解压以后直接双击运行"PotPlayer"目录中的"PotPlayerMini. exe"打开播放器,将需要播放的媒体文件直接拖入到播放器中即可进行播放,如图 7-27 所示。

**第4步** 认识常见的音频文件格式。

在案例中我们也提供了几种常见的音频文件,音频文件的播放一般比较容易,Windows

系统自带的播放器和网上各种音频播放器能顺利的播放音乐,甚至使用视频播放器也能播放音频。

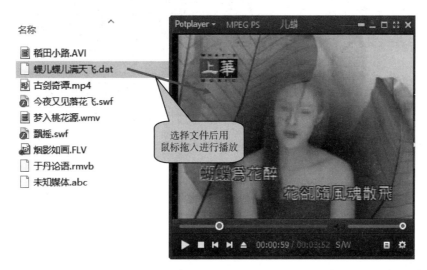

名称

稻田小路.AVI

蝶儿蝶儿满天飞.dat

古剑奇谭.mp4

今夜又见落花飞.swf

梦入桃花源.wmv

飘摇.swf

烟影如画.FLV

于丹论语.rmvb

未知媒体.abc

选择文件后用鼠标拖入进行播放

**图 7-27 媒体播放操作**

### 知识链接

常见音频文件格式有 wav、mp3、wma 和 mid。

wav:也称 wave 是微软标准音频文件格式,音质好,录音保存格式,无压缩,文件大。

mp3:是有损压缩音频格式,一般只有 *.wav 文件的 1/10,牺牲部分音质,文件小,比较通用。

wma:wma 是微软的比 mp3 压缩率更高的格式,音质强于 mp3,通用较差,部分移动设备不支持。

mid:MIDI 数字乐器合成器格式,文件很小,但不支持真人语音,很多移动设备不支持。

第 5 步 使用"千千静听"播放音频。

在音频播放方面推荐一个软件"千千静听",它有诸多的优点:

小巧:软件仅 2MB 多一点,安装和播放音频时系统资源占用少;

通用性强:Windows XP 到 Windows 10 都能使用;

使用方便:安装以后单击各种音频文件直接播放,无广告垃圾;

获取歌词:能够根据播放的歌曲关联和下载歌词;

"千千静听"播放操作如图 7-28 所示。

第 6 步 使用"千千静听"获取歌词文件。

使用"千千静听"播放歌曲的同时能获取歌词文件,歌词文件保存在安装目录中,以 Windows 7 为例,打开 C:\Program Files(×86)\TTPlayer\Lyrics 目录,能找到所有播放过的歌曲的歌词文件,文件后缀名为.lrc,使用记事本可以打开,如图 7-29 所示。请大家尝试操作获取"烟影如画.lrc""心如蝶舞.lrc""昨夜星辰.lrc"和"橄榄树.lrc"歌词文件。

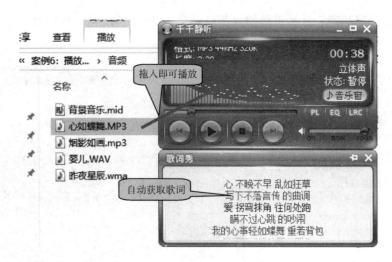

图 7-28 "千千静听"播放操作

第 7 步 将获取的歌词文件使用 Word 综合排版。

将歌词文件后缀名更改为". txt",用记事本打开,复制到 Word 中,去掉播放时间标记等信息,取歌名和歌词进行排版,使用 Word 技术完成任务,生成作品文件:"歌词排版 . doc",效果如图 7-30 所示。

| 名称 | 修改日期 | 类型 | 大小 |
| --- | --- | --- | --- |
| __ - _____ - e3 ___ .lrc | 2019/9/5 16:26 | LRC 文件 | 2 KB |
| bless4 - 123.lrc | 2019/9/5 15:48 | LRC 文件 | 2 KB |
| Jorma K - C.lrc | 2019/9/5 15:49 | LRC 文件 | 1 KB |
| 董贞 - 心如蝶舞.lrc | 2019/9/4 9:23 | LRC 文件 | 1 KB |
| 李斯丹妮 - 2.lrc | 2019/9/5 15:47 | LRC 文件 | 2 KB |
| 李笑来 - 01.lrc | 2019/9/5 15:53 | LRC 文件 | 5 KB |
| 刘静 - 天籁之音.lrc | 2019/9/5 15:51 | LRC 文件 | 1 KB |
| 爽子 - 010.lrc | 2019/9/5 15:47 | LRC 文件 | 2 KB |
| 王雅洁 - 昨夜星辰.lrc | 2019/9/4 9:12 | LRC 文件 | 1 KB |
| 重小烟 - 烟影如画.lrc | 2019/9/4 9:14 | LRC 文件 | 2 KB |
| 卓依婷 - 橄榄树.lrc | 2019/9/4 9:26 | LRC 文件 | 1 KB |

图 7-29 获取歌词文件

【课堂练习】

思考题:将素材文件一一试播后,说一说 *.swf、*.dat、*.abc 这些后缀都是些什么文件,并指出"PotPlayer 播放器"在我们实际运用中有哪些优势？提问请学生回答。

提示:从易用,支持文件格式多,来进行分析。

*.swf 是动画格式的视频文件,使用一般的视频播放器无法播放,软件 FlashPlayer 是

一个专门播放 *.swf 是动画格式的软件,不仅可以播放动画文件,还可以将 .swf 文件转换为 .exe 文件,以后不需要播放器就可以执行播放了。请大家将素材中的"今夜又见落花飞.swf"和"飘摇.swf"转换为"今夜又见落花飞.exe"和"飘摇.exe"。

图 7-30 歌词排版效果图片

## 7.2.2 【案例7】音频文件处理——宇宙杀手

### 案例描述

请使用 Adobe 公司的 Audition 音频编辑软件,为有声小说文件"宇宙杀手.mp3"添加背景效果音乐"地下城1.mp3"和"地下城2.mp3",要求语音播音文件与背景效果音乐重叠,合成播放,达到突出神秘恐怖主题的效果。

### 技术准备

相关软件:Audition。

案例素材:"宇宙杀手.mp3""地下城1.mp3"和"地下城2.mp3"。

效果预览:"宇宙杀手合成.mp3"。

### 操作流程

第1步　安装和运行软件 Audition,导入音频文件。

打开"AU_3_chs.rar"压缩包,解压后安装,然后运行桌面 Adobe Audition 3.0 图标,即可启动软件(注:Adobe Audition 3.0 兼容性比较好,Windows XP 到 Windows 10,32 位和64 位系统都可以使用)。然后单击"文件"→"打开…"菜单,依次打开素材文件中的"宇宙杀手.mp3""地下城1.mp3"和"地下城2.mp3",单击"多轨"按钮,在展开多轨视图中,将 3 个音频文件拖入到音轨中。由于音轨的采样位数和频率不相同,需要转换来统一采样类型,单击"确定"按钮即可,效果如图 7-31 所示。

【案例7】宇宙杀手

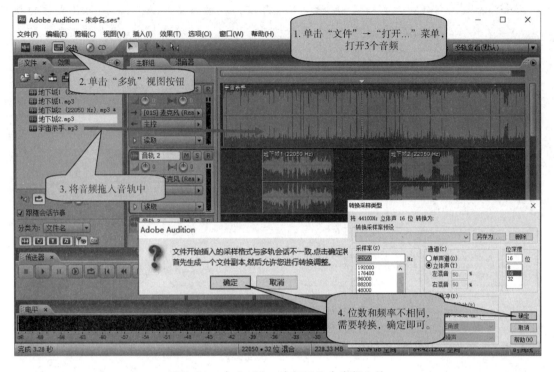

图7-31  在Audition中打开3个音频文件

第2步  移动、复制和剪切调整音轨。

在Audition软件中,黄色三角是当前位置,单击"播放"按钮,可从当前位置播放,测试声音效果。单击"移动"按钮,然后移动各个音频的位置,可对音频进行右键复制和粘贴操作,反复复制"地下城1"和"地下城2"音频,使之与小说音频长度对应,最后一次多出来的音频,拖放中间控制点可剪去。使音轨1和音轨2位置和长度对齐,如图7-32所示。

第3步  调整音频的音质和音量。

部分音频的音质和音量不匹配,需要调整,如此时"地下城"音频的音效声音太大,作为背景音乐,会压盖故事的播音,需要减小音量。双击需要编辑的"地下城"音频,进入此音频的编辑视图,然后选择"效果"→"振幅和压限"→"振幅/淡化(进程)"选项,弹出"振幅/淡化"对话框,选择减少10 dB,单击"确定"按钮,操作完成单击"多轨"按钮可返回多轨视图。同理可操作其他音频,具体流程,如图7-33所示。

第4步  设置音频的左右声道。

单声道是指只有一个声道,如左声道或右声道,左右声道相同是一种声音就是单声道音乐,如果左右声道不同就是立体声,需要两倍存储量,此时将"宇宙杀手"播音音频设置为左声道,"地下城"背景音频设置为右声道,将两个白色滑块拖至顶点,可设置为左声道,将两个白色滑块拖至底点,可设置为右声道,如图7-34所示。

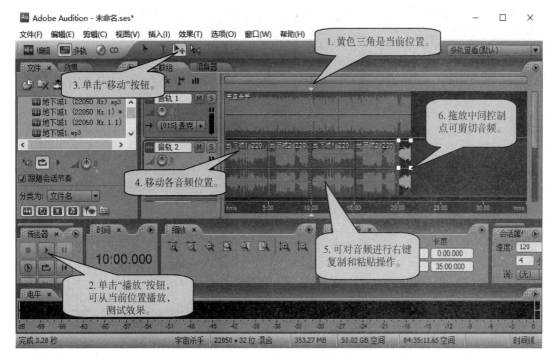

图 7-32　移动和复制音轨中的音频

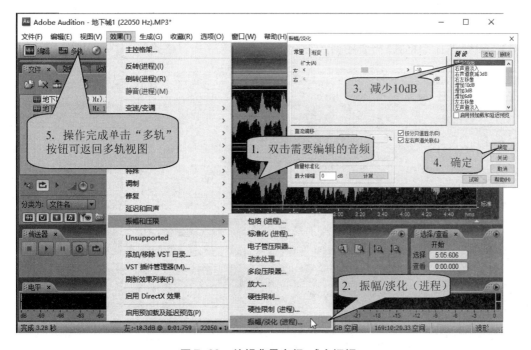

图 7-33　编辑背景音频，减小振幅

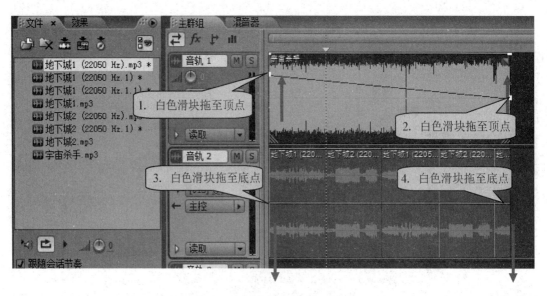

图7-34 设置音频的左、右声道

第5步 合成音频完成,导出文件。

音频合成完成,测试效果满意,需要导出结果文件,选择"文件"→"导出(P)"→"混缩音频(M)"选项,弹出"导出音频混缩"对话框,选择保存为波形(＊.wav)格式(注意:不能直接生成mp3格式),选中"立体声"单选按钮,输入名称"宇宙杀手",单击"保存",如图7-35所示,然后是音频生成进度条,需要几分钟时间,完成后的文件是"宇宙杀手.wav"文件比较大,非压缩格式,需要用格式工厂等工具转换为mp3格式。

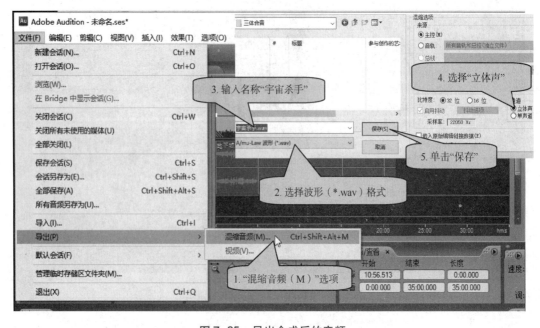

图7-35 导出合成后的音频

第 6 步　播放最终文件,总结方法。

播放最终生成的文件"宇宙杀手 . mp3",查找错误与不足之处,总结音频合成的操作流程。

【课堂练习】

再使用 Audition 软件,并结合以前所学知识完成"三体配音"和"苏肉难寻"两个作品,保存为 mp3 格式。操作要求:"三体配音"的背景音乐需要在视频文件"昆明南站 . mp4"中提取。"苏肉难寻"的背景音乐是"b1. mid""b2. mid""b3. mid"和"b4. mid"需要转换为 mp3 等格式才能使用,4 个背景音乐依次轮换,可减轻其中一些声音较高不适合的部分,将"苏肉难寻"的 3 个文件依次连接,并去掉片头的引导部分,使之成为一个完整的音乐小说文件。

### 7.2.3　【案例8】简单视频加工制作——老君山游记

**案例描述**

请使用 AVS Video Editor 视频剪辑软件,将 4 段录制好的视频片段"丹霞地貌 . mp4""猴子 . mp4""观景台 . mp4""篝火晚会 . mp4"合并为一个完整的视频文件"老君山游记 . mp4"。合成视频要求长度在 2 min 以上,视频大小必须在 10 MB 以内,以便能在手机微信中发送。

要求:每一段视频之前加一张图片作为引导,图片可任选"山石 1. jpg ～ 山石 6. jpg"中的 4 张,视频段与段之间添加转场效果,除去视频中的原有音频,统一使用音频"奇幻银河 . mp3",并添加文字和适当的装饰效果,在影片右上角打上标识图"logo. jpg"。

**技术准备**

相关软件:AVS Video Editor(视频剪辑软件),Leawo_videoconverter(狸窝转换器)。

案例素材:视频"丹霞地貌 . mp4""猴子 . mp4""观景台 . mp4""篝火晚会 . mp4",图片"山石 1. jpg ～ 山石 6. jpg""logo. jpg",音频"奇幻银河 . mp3"。

效果预览:"老君山游记 . mp4"。

**操作流程**

第 1 步　使用 ACDsee 看图软件加工图片素材。

一般使用手机和数码相机拍摄的图片都比较大,不适合视频文件的尺寸,同时拍摄的照片受到拍摄环境温度和光线的影响,照片色彩不一定理想。使用 ACDsee 看图软件,将"山石 1. jpg ～ 山石 6. jpg"6 张图片调整尺寸为 640 ×480 像素,并适当调整光影和色彩效果,另存为"x 山石 1. jpg ～ x 山石 6. jpg"。比如:山石 5. jpg 和 x 山石 5. jpg,效果对比,如图 7-36 所示。

第 2 步　使用"Photoshop"软件加工标志素材。

【案例8】老君山游记1素材处理

标志图"logo. jpg"是 jpg 格式的图片,没有透明效果,放在影片中是一块补丁,影响观看,使用 Photoshop 软件,运用以前掌握的知识技能,打开标志图"logo. jpg",提取图片内容,删除白色背景,保存为"影片标志 . png",注意勾选透明效果。将网页文件"影片标志透明效果测试 . html"与"影片标志 . png"放在同一目录中,如图 7-37(a)所示,双击网页文件,打开浏览器可以在青、红、皂、白 4 种不同的背景中看到图片的透明测试效果,如图 7-37(b)所示效果,则透明标志完成。

【案例 8】老君山游记 2 视频制作

（a）

（b）

图 7-36 "山石 5"加工效果

【案例 8】老君山游记 3 视频转换

（a）

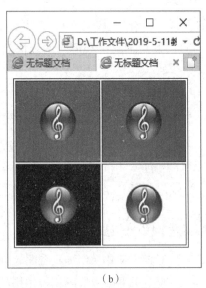

（b）

图 7-37 影片标志透明效果测试

第 3 步 使用狸窝转换器加工视频素材。

4 个视频素材需要进行一些截取,还要转换为微软通用的 avi 格式,在"AVS Video

Editor"中运行更稳定,现在以"丹霞地貌.mp4"为例,打开"Leawo_videoconverter.rar"压缩包,解压后,直接运行"Video Converter.exe"即可启动狸窝转换器(注:狸窝转换器有一个很有用的功能,旋转视频,能将手机录制的视频进行90°旋转。),然后单击"添加视频"按钮,打开案例素材文件中的"丹霞地貌.mp4",展开"预置方案"选项,选择"常用视频"的"avi格式"选项(将 mp4 转换为 avi),如图 7-38(a)所示。

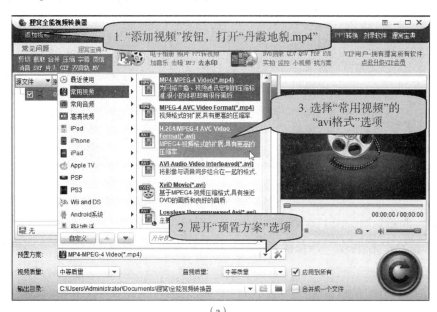

(a)

(b)

**图 7-38　狸窝转换器截取和转换视频**

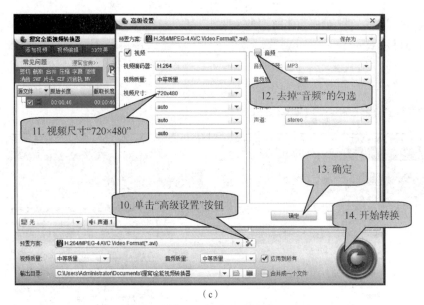

（c）

图7-38　狸窝转换器截取和转换视频（续）

单击"视频编辑"按钮，打开"视频编辑"窗口，通过设置"起始点"，截取视频的时长片段，通过拖动"白色控制点"，选择视频的画面显示范围，测试效果满意后单击"确定"按钮，如图7-38（b）所示。

单击"高级设置"按钮，打开"高级设置"对话框，设置视频尺寸720×480，去掉"音频"前面复选框的勾选（这样就能除去视频中的音频），单击"确定"按钮，最后单击"开始转换"按钮，完成操作，如图7-38（c）所示。同理，完成另外3个视频素材的转换。

第4步　安装和启动软件"AVS Video Editor"

运行"AVS Video Editor"文件安装软件，和正常的软件安装一样，同意协议，选择目录，确定后再安装，需要几分钟时间，安装完成，启动软件，如图7-39所示。

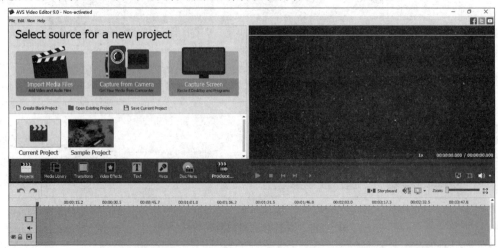

图7-39　视频软件"AVS Video Editor"注册

第5步　使用软件 AVS Video Editor，导入音、视频和图片素材文件。

在 AVS Video Editor 软件中，单击"Import Media Files"按钮，找到前面加工好的素材视频"丹霞地貌.avi"并导入，当导入第 1 个视频时，会弹出对话框，问是否以第 1 个视频的尺寸来决定整个作品的尺寸，这里选择"Yes"，之后单击"Import"按钮，同理添加所有的音、视频和图片素材，如图7-40 所示。

注意：视频编辑软件一般都不太稳定，在软件 AVS Video Editor 中，每 10 min 保存一次项目文件："项目.vep"，以防止工作丢失。

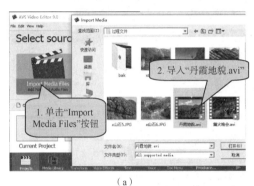 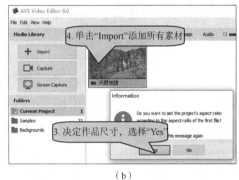

（a）　　　　　　　　　　（b）

**图7-40　导入音、视频和图片素材**

第6步　将视频和图片拖入轨道并设置转场效果。

在 AVS Video Editor 软件中，选择"Media Library"界面，将视频和图片依次拖入到主视频轨道中，双击轨道中的图片可设置图片播放时长，默认是 5 s，将第一张图片设置为 8 s，其余默认即可，选择"Transitions"界面，设置转场效果，选择满意的转场效果——拖入轨道如图7-41 所示。

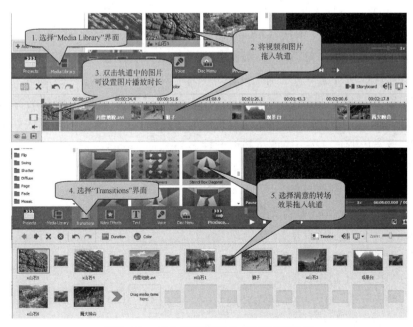

**图7-41　拖入视频和图片，设置转场效果**

第7步　将音频和标志拖入相应的轨道并设置装饰效果。

选择"Media Library"界面,将音频拖入音频轨道,将标志图拖入辅助视频轨道,然后选择"Video Effects"界面,设置视频装饰效果,选择"Partides"落叶效果,拖入视频效果轨道,双击轨道中的效果,在弹出窗口中设置,Max Count(最大数量)4,Transparency(透明)60,Size(尺寸)5,Speed(速度)20,Rotstion Speed(旋转速度)20,然后单击"OK"按钮,如图7-42所示。

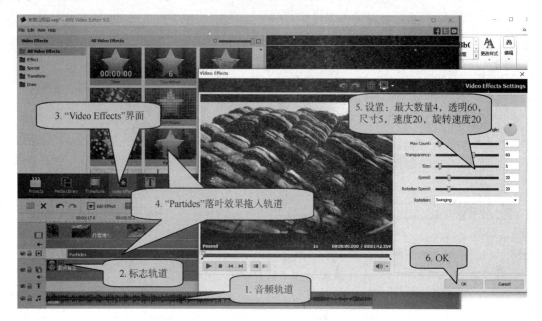

图7-42　拖入音频和标志设置装饰效果

第8步　为视频添加文字并调整效果。

选择"Text"界面,选择"Merry Christmas"文字效果,拖入文字轨道,通过右键快捷菜单"复制"和"粘贴"制作多个文字效果,双击各文字轨道依次设置效果,如图7-43(a)所示。在弹出的"Text"窗口中,选择文字对象并输入文字,调整文字字体、字号、位置等,选择图片并调整位置,勾选对象的可视性决定是否可视,可通过按钮复制和粘贴对象,最后单击"OK"按钮,如图7-43(b)所示。同理设置其他文字片段效果。文字内容依次如下:

第1张:老君山游记——王劲松(制作者姓名);

第2张:丹霞地貌、2019-9-9(制作日期);

第3张:2019-9-9(制作日期);

第4张:猴子、2019-9-9(制作日期);

第5张:2019-9-9(制作日期);

第6张:观景台、2019-9-9(制作日期);

第7张:2019-9-9(制作日期);

第8张:篝火晚会、2019-9-9(制作日期);

第9张:2019-9-9(制作日期)。

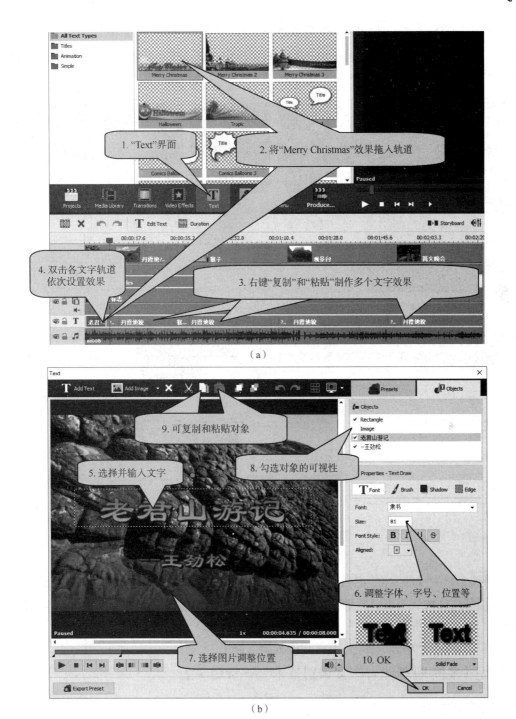

（a）

（b）

图 7-43　添加文字，调整效果

第 9 步　按要求导出视频作品文件。

选择"Produce…"界面，在弹出对话框中选择"File"形式，单击"Next"按钮进入下一步，如图 7-44（a）所示，选择"wmv"格式（这是微软计算机通用视频格式），确认"Windows Media

Video 9 High Quality"（即 640×480 像素视频），单击"Next"按钮进入下一步，设置输出文件夹"D:\"，输出文件名"老君山游记"，最后单击"Create"按钮，开始生成视频文件，有进度条，需要等待几分钟，如图7-44（b）所示。

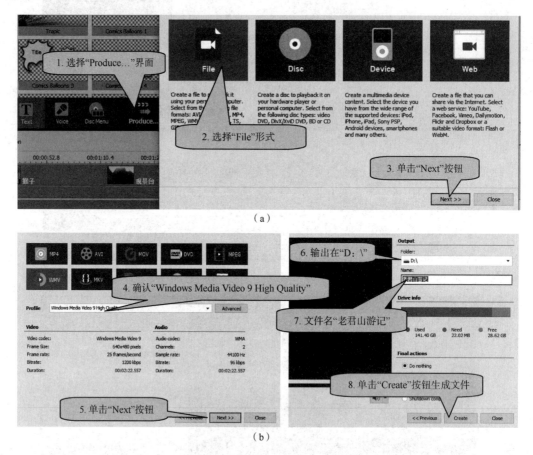

图 7-44　导出视频作品文件

　　播放测试生成的文件"老君山游记.wmv"，时长2:22，21.8 MB，现在需要发送到手机上播放，请使用狸窝转换器将其转换为手机通用的 mp4 格式，建议选择 320×240 像素视频，进行相关设置，最终作品文件"老君山游记320.mp4"时长2:22，8 MB，以学习小组为单位，每小组选择一个最满意的作品，发送到班级微信群里，大家打分共同评价。

## 7.2.4 【案例9】抓图与图文识别技术——货运文表

案例描述

　　请使用"FlashPlayer.exe"播放器，播放素材目录中的"货运组织.swf"文件，找到"情境2""情境3"和"三、各教学环节学时分配"这 3 个部分，使用"HyperSnap"屏幕抓图软件，抓图截取这 3 个部分，然后再使用"尚书 7 号"文字识别软件。将截取的图片转换为文本和表格，最后进行 Word 排版还原，保存为：文件"货运文本.doc"和"货运表格.doc"。

要求:还原后的 doc 文档,文字和符号要正确,格式和版面要尽量与原文件相同。

## 技术准备

相关软件:Flash Player(Flash 播放器),HyperSnap(屏幕抓图软件),尚书7号(文字识别软件)。

案例素材:"货运组织.swf""物流服务.jpg""考试日程.jpg"。

效果预览:"货运文本.doc""货运表格.doc""物流服务.doc""考试日程.doc"。

## 操作流程

第1步　使用"HyperSnap"区域抓图。

安装和启动抓图软件"HyperSnap"然后,打开"FlashPlayer"播放器,将素材"货运组织.swf"文件拖入播放器进行播放,尽量放大播放尺寸,以保证抓图效果,找到"三、各教学环节学时分配"表格,回到软件"HyperSnap"中,选择"捕捉设置"→"区域"选项,用鼠标拖动选择捕捉区域,双击执行,捕捉得到图片,在右侧图片上右击,从弹出的快捷菜单中选择"另存为"选项,另存为"表格.jpg",如图7-45所示。

【案例9】货运文表1抓图操作

（a）

【案例9】货运文表2图文识别

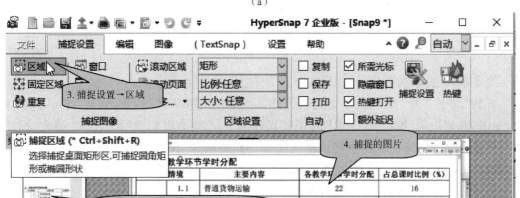
（b）

【案例9】考试日程表格识别

图7-45　使用"HyperSnap"区域抓图

【案例9】物流服务文字识别

第2步　使用"HyperSnap"滚动抓图。

在"FlashPlayer"播放器中找到"情境2"和"情境3"正确定位,回到软件"HyperSnap"中,选择"捕捉设置"→"捕捉图像"→"更多…"→"扩展活动窗口"选项,如图7-46所示。在弹出的"扩展窗口捕捉"对话框中,宽度自动为当前窗口宽度应在1 300以上(如果不满足请重新调整窗口再抓图),高度设置为4 500,然后单击"确定"按钮,开始抓图。捕捉得到图片,在右侧图片上右击,从弹出的快捷菜单中选择"另存为"选项,另存为"文字.jpg"。

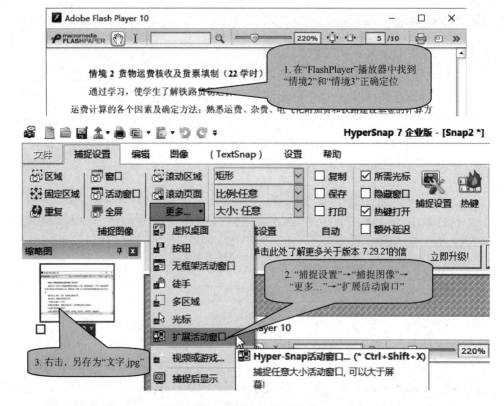

图7-46　使用"HyperSnap"滚动抓图

第3步　使用"尚书7号"识别文字。

安装"尚书7号"OCR文字识别软件,然后启动"尚书7号"软件,打开"文字.jpg"图片,单击"开始识别"按钮,纠正识别中的错误和错字,必要时可切换"覆盖"和"插入"模式,校对完成后,选择"输出"→"到指定格式文本",在弹出的"保存识别结果"对话框中,选择保存类型"＊.TXT",输入文件名:"货运文本",最后保存,如图7-47所示。

第4步　使用"尚书7号"识别表格

打开"表格.jpg"图片,单击"开始识别"按钮,必要时可使用"文字识别选区"按钮"表格识别选区"按钮,重新拖放选区,纠正识别中的错误和错字,校对完成后,选择"输出"→"到指定格式文本"选项,在弹出的"保存识别结果"对话框中,选择保存类型"＊.RTF",输入文件名:"货运表格",最后保存,如图7-48所示。

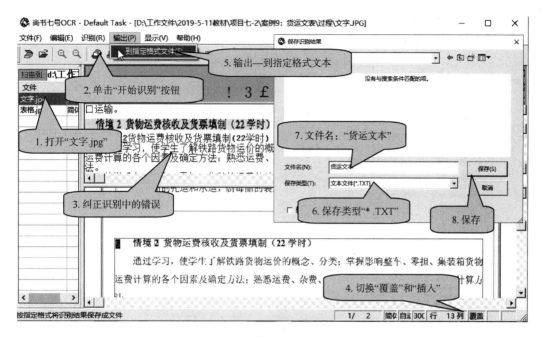

图 7-47  使用"尚书 7 号"识别"货运文字"

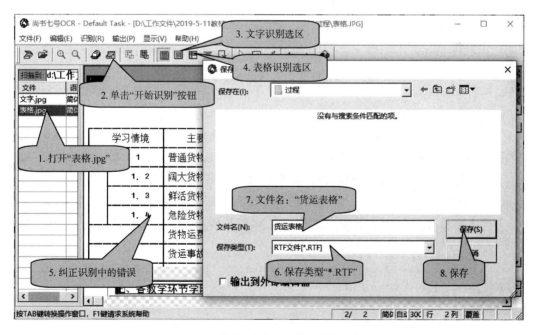

图 7-48  使用"尚书 7 号"识别货运表格

第 5 步  在 Word 中重新排版"货运文本"和"货运表格"。

在 Word 中打开"货运文本.TXT",仿照"货运组织.swf"的对于部分进行重新排版,A4 纸一张,完整布局,完成后,保存为"货运文本.doc",同理,打开"货运表格.RTF",仿照"货运组织.swf"的对于部分进行重新排版,A4 纸一张,完整布局,完成后,另存为"货运表格.doc",效果如图 7-49 所示。

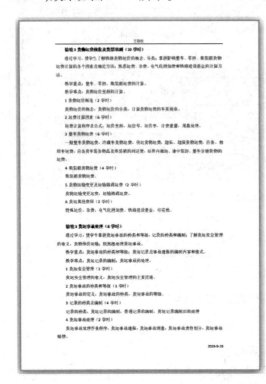

图 7-49　货运文字、货运表格重排版效果

【课堂练习】

(1)物流服务:找到"案例 9:货运文表"→"素材"目录中的"物流服务.jpg"图片,使用新学习的图文转换技术,将图片中的文字转换为文本,保存为"物流服务.txt"(提示:图片太小,识别正确率差,可使用看图软件放大尺寸,宽 1 800 像素左右)。

(2)考试日程:找到"案例 9:货运文表"→"素材"目录中的"考试日程.jpg"图片,使用新学习的表格转换技术,将图片中的表格转换为 RTF 格式,再放到 Word 中进行排版,保存为"考试日程.doc"同时要求 A4 纸横向,整体布局。

 ## 小结

1. 简单图片处理技术

通过本节的学习,对图像的基本格式及其各自特点、源文件等有了较深入的认识,学习了使用"光影魔术手""俪影 2046""美图秀秀"等软件来快速处理图片,强化了常用看图软件"ACDsee"和解压软件"RAR"的使用,同时本节的学习增强了布局审美能力,欣赏美、创造美的体验,陶冶了情操,培养了认真做事的职业素质。

2.简单音、视频处理技术

了解了常见的音、视频文件格式及其特点。能进行各种音、视频文件的播放和格式的转换，能进行音、视频文件的处理和制作，能进行 PDF 和 Word 文档间的转换。

学习了音、视频播放软件"千千静听""PotPlayer 播放器"，"FormatFactory 格式工厂"录音与编辑软件"GoldWave"，"狸窝转换器 Leawo_videoconverter"，音频叠加编辑软件"Audition"，视频加工处理软件"AVS Video Editor"，图文转换软件"尚书 7 号文字识别系统"等软件。

## 习题

### 一、单选题

1. 屏幕分辨率 1 280×1 024,指的是（　　　）。

　　A. 像素　　　　　B. 点　　　　　C. 位　　　　　D. 字节

2. 最常见的小动画图片文件格式是（　　　）。

　　A. BMP　　　　　B. JPG　　　　　C. GIF　　　　　D. RTF

3. 下列（　　）软件能快速将人物照片与背景图融合。

　　A. 光影魔术手　　B. 俪影 2046　　C. 美图秀秀　　　D. ACDsee

4. 人脸图片需要美容最快捷方便的软件是（　　　）。

　　A. 光影魔术手　　B. 俪影 2046　　C. 美图秀秀　　　D. ACDsee

5. 图片格式需要转换,你将会使用（　　）软件来进行。

　　A. 光影魔术手　　B. 俪影 2046　　C. 美图秀秀　　　D. ACDsee

6. Photoshop 中使用"视图"→"放大命令",能（　　　）。

　　A. 放大图片的实际尺寸　　　　　B. 放大图片的显示尺寸

　　C. 没有任何意义　　　　　　　　D. 能扩大屏幕分辨率

7. Photoshop 中要撤销上一次操作,使用（　　　）命令。

　　A. 编辑→返回　　　　　　　　　B. 编辑→还原

　　C. 图像→返回　　　　　　　　　D. 图像→还原

8. Photoshop 中要得到羽化的圆形选区,应执行（　　　）操作。

　　A. 椭圆选区→拖画→羽化 20　　　B. 羽化 20→椭圆选区→拖画

　　C. 拖画→椭圆选区→羽化 20　　　D. 椭圆选区→羽化 20→拖画

9. Photoshop 中自由变换选区图片,应执行（　　　）操作。

　　A. 图像→自由变换　　　　　　　B. 图层→自由变换

　　C. 编辑→自由变换　　　　　　　D. 选择→自由变换

10. Photoshop 中需要改变色阶,应执行（　　　）操作。

　　A. 图像→调整→色阶　　　　　　B. 图像→修整→色阶

　　C. 选择→调整→色阶　　　　　　D. 选择→修改→色阶

11. 使用手机录制的视频,在电脑中播放时,竖立的视频变成横放的视频,最好的方法是使用(　　)软件进行90°旋转。

　　A. AVS Video Editor 视频剪辑软件　　B. Leawo_videoconverter 狸窝转换器

　　C. FormatFactory 格式工厂　　　　　　D. PotPlayer 播放器

12. 使用"尚书7号"进行图文转换,下列(　　)格式的图片不能被尚书7号所接受。

　　A. tif　　　　　B. bmp　　　　　C. jpg　　　　　　D. png

13. 使用电脑进行语音录制,必须具备的硬件设备是(　　)。

　　A. 音箱　　　　B. 耳机　　　　C. 麦克风　　　　D. 摄像头

14. 用录制计算机音频,但又不能录制机器噪音,下列最适合的软件是(　　)。

　　A. 录音与编辑软件"GoldWave"　　　B. 声卡录音软件"VoiceRecorder"

　　C. Windows 系统自带的录音机　　　D. 屏幕录像大师

15. 在下列图片格式中,能实现背景透明效果的图片格式是(　　)。

　　A. *.png　　　B. *.psd　　　C. *.jpg　　　D. *.bmp

16. 在计算机文件中,下列(　　)类型的文件,不能直接进行编辑和修改。

　　A. *.pdf　　　B. *.psd　　　C. *.doc　　　D. *.docx

17. 在下列音频格式中,(　　)格式不能被"FormatFactory"格式工厂和"AVS Video Editor"视频加工处理软件所接受。

　　A. *.mp3　　　B. *.wav　　　C. *wma　　　D. *.mid

18. 下列关于 *.swf 格式,正确的说法是(　　)。

　　A. swf 是 flash 动画格式,可以使用专用的 Flash 播放器进行播放

　　B. swf 是视频动画格式,使用一般的视频软件就能进行播放

　　C. swf 和 gif 都是动画格式,在浏览器中都能正常显示

　　D. swf 和 gif 都是动画格式,都只能有图像,没有声音

19. "PotPlayer"播放器使用方便有很多优点和特性,下列(　　)不是它的特点。

　　A. 直接运行,使用方便,无需安装

　　B. 无广告和垃圾信息

　　C. 支持所有视频格式的播放

　　D. 支持众多的视频格式还支持音频和 swf 动画格式

20. 关于"千千静听"软件,正确的说法是(　　)。

　　A. 直接运行,使用方便,无需安装

　　B. 能够根据播放的歌曲关联和下载歌词

　　C. 小巧:仅 2 MB 多一点,但只能在 Windows XP 中使用

　　D. 支持众多的音频格式,但是有广告垃圾

21. 关于"Audition"音频编辑软件,正确的说法是(　　)。

　　A. 只能进行两个音轨(语音和背景音乐)的合成

　　B. 音频合成后,可以直接导出为 mp3 格式

C. 不仅能进行音频的叠加,还能进行音频的连接

D. 能直接使用 wav、mp3、wma、mid 等格式的音频文件

22. 如果需要提取一段视频文件中的音频,下列软件中最适合的是(　　　)。

    A. Audition 音频叠加编辑软件

    B. FormatFactory 格式工厂

    C. AVS Video Editor 视频加工处理软件

    D. Leawo_videoconverter 狸窝转换器

23. 使用"尚书 7 号"识别表格,识别出来的表格应先导出为(　　　),然后再通过 Word 保存为 DOC 格式。

    A. jpg 格式　　　B. txt 格式　　　　C. rtf 格式　　　　D. xls 格式

24. 使用"MIDIto MP3 Converter"软件,可以将 MID 格式的音频转换为 MP3 格式,但是文件的大小将会(　　　)。

    A. 变大　　　　　B. 不变　　　　　C. 变小　　　　　D. 不确定

25. "千千静听"获取的歌词文件格式为"＊.lrc"这种文件的打开方式是(　　　)。

    A. 直接使用"千千静听"软件打开,即可复制其中的歌词

    B. 将后缀名更改为 txt,然后双击后由记事本工具打开

    C. 将后缀名更改为 bmp,然后双击后由画图工具打开

    D. 使用格式工厂"FormatFactory"软件,转换为 mp3 格式,然后可打开

26. ＊.swf 格式的文件一般不能直接播放,如果转换为 ＊.exe 格式就可以直接播放,下列(　　　)软件能完成此功能。

    A. 录音与编辑软件"GoldWave"

    B. 格式工厂"FormatFactory"

    C. 狸窝转换器"Leawo_videoconverter"

    D. Flash 动画播放软件"FlashPlayer"

27. 使用屏幕录像大师录屏,开始和停止录制快捷键是(　　　)。

    A.【Alt + F1】　　B.【Alt + F2】　　　C.【Alt + F3】　　　D.【Alt + F4】

28. 下列(　　　)软件不属于图片处理软件。

    A. PhotoCollage 俪影 2046　　　　　B. GIFMovieGear

    C. FlashPlayer　　　　　　　　　　D. HyperSnap

29. 关于 gif 和 png 文件说法错误的是(　　　)。

    A. gif 最多有 256 色,png 最多 65 536 色

    B. gif 和 png 都可以实现小动画效果

    C. gif 和 png 都可以实现背景透明效果

    D. 同等尺寸的同一图片文件大小,gif 比 png 要小得多

30. PDF 格式文档是目前正式公文通用文档,通过(　　　)可以修改 PDF 文档。

    A. 将后缀名 pdf 更改为 doc,然后用 Word 打开文档进行修改

  B. 使用 WPS 软件,直接在 WPS 中打开文档就可以进行修改

  C. 使用 Office 2010 软件,就可以在 Word 中打开文档进行修改

  D. 使用 PDF 转 WORD 工具,转为 word 文档,然后修改

## 二、简答题

1. 说一说 Photoshop 历史记录面板的作用?

2. 说一说 Photoshop 仿制像章工具的作用?

3. 说一说 Photoshop 色相/饱和度,亮度/对比度的含义和功能?

4. 说一说"光影魔术手""俪影 2046""美图秀秀"3 个软件各自的优势?

5. 请描述 Photoshop"索套抠图"技术的操作流程?

6. 请描述 Photoshop"通道抠图"技术的操作流程?

7. 举例说出 10 种以上音、视频格式文件的后缀名,并说出它们各自的特点?

8. 谈谈音、视频文件您一般使用哪些工具软件,为什么选择使用这些工具?

9. 音频合成软件"Audition"主要能完成什么任务? 请描述它的主要操作步骤。

10. 说一说您在做视频合成和处理加工之前,应做哪些准备工作? (提示:在素材、软件方面。)

11. 格式工厂和狸窝转换器都能转换视频文件,请谈谈它们的不同之处?

12. 请描述使用视频剪辑软件 AVS Video Editor 处理简单视频的操作流程?

13. 谈谈使用"尚书 7 号"进行文字识别时,为确保识别率高,对输入的图片文件有什么要求?

14. Windows 的屏幕抓图【Print Screen】键和屏幕抓图软件【HyperSnap】都能进行屏幕抓图,请谈谈它们的不同?

15. GoldWave 录音与编辑软件与 Windows 自带的录音机相比有哪些优势?

16. 谈谈 VoiceRecorder 声卡录音软件的特点和操作要领?

17. 谈谈使用屏幕录像大师进行录屏操作前,应如何安装、设置和测试屏幕录像大师?

18. 谈谈对于同样时间长度的一段视频,还有哪些技术指标会影响到它的文件大小?

19. *.doc(或者 *.docx)和 *.pdf 都是常见的办公文档形式,请谈谈它们不同的使用目的和特点?

20. 请根据您的经验谈谈 QQ 和微信的不同,指出它们各自的优缺点,对发送音、视频文件的不同要求?